上海地情普及系列
《上海滩》丛书

上海老城区风貌忆旧

上海通志馆
《上海滩》杂志编辑部 编

上海大学出版社

图书在版编目（CIP）数据

城市之光：上海老城区风貌忆旧/上海通志馆，
《上海滩》杂志编辑部编.—上海：上海大学出版社，
2020.12

（上海地情普及系列.《上海滩》丛书）

ISBN 978-7-5671-4083-7

Ⅰ.①城… Ⅱ.①上… ②上… Ⅲ.①城市史-建筑
史-上海 Ⅳ.① TU-098.12

中国版本图书馆 CIP 数据核字（2020）第 243117 号

责任编辑　陈　强
装帧设计　缪炎栩
技术编辑　金　鑫　钱宇坤

城市之光
——上海老城区风貌忆旧

上海通志馆　编
《上海滩》杂志编辑部

上海大学出版社出版发行
（上海市上大路99号　邮政编码200444）
（http://www.shupress.cn　发行热线021-66135112）
出版人　戴骏豪

＊

南京展望文化发展有限公司排版
上海华业装潢印刷厂有限公司印刷　各地新华书店经销
开本710mm×1000mm　1/16　印张17.25　字数216千
2020年12月第1版　2020年12月第1次印刷
ISBN 978-7-5671-4083-7/TU·19　定价　45.00元

《上海滩》丛书前言

　　宋代大文豪苏东坡曾有诗云:"故书不厌百回读,熟读深思子自知。"前两年,我们在编辑《上海滩》杂志丛书过程中,对这一点体会颇深。2018年和2019年,我们编辑出版了两辑《上海滩》杂志丛书,共7种(另有一种待出)。我们原本以为将历年在《上海滩》杂志上发表的文章,按主题分成若干本编成丛书,其功多显现在为学术研究提供较为完整的资料上;而对广大的普通读者来说是难有多大兴趣的。然而,出乎我们意料的是,丛书出版后受到了广大读者的热烈欢迎。这些读者中既有几十年来订阅《上海滩》杂志的老读者,也有不少对上海史感兴趣的年轻朋友;既有许多生于斯长于斯的"老上海",更有来上海打工创业的"新上海人"。他们既想了解五六千年前的老上海,也想知道70年前走进"新世界"的新上海,更愿意了解改革开放40多年来发生地覆天翻的大上海!据出版社的编辑同志告诉我们,2018年的《上海滩》丛书中的《海上潮涌——纪念上海改革开放40年》一书出版后,大受读者欢迎,读者踊跃购买,一年多来已加印了3次,总发行量达8 000余册。而2019年5月推出的《五月黎明——纪念上海解放70周年》一书,仅在半年里也已经加印一次,发行量也达四五千册。而《申江赤魂——中国共产党诞生地纪事》和《海上潮涌——纪念上海改革开放40周年》两书不仅读者喜欢,而且还被中共一大会址纪念馆收藏、研究和展览。有一家旅行社的老总专门买了《申江赤魂——中国共产党诞生地纪事》和《五月黎明——纪念上海解

城市之光

放70周年》等书，作为向游客介绍上海历史的重要资料。前两年，上海大学出版社在上海书城举办的两次《上海滩》丛书读者见面会上，因听众太多，许多读者没有座位，就站着听专家学者讲述书中的精彩故事，并提出问题请专家学者解答，气氛十分热烈。散会后，读者们纷纷排队购买《上海滩》丛书。有些老读者高兴地说，这些书的内容大多是亲历者所见所闻，因此更显得弥足珍贵，读起来也就觉得亲切可信。特别是一些老读者说，丛书里的文章过去都读过，但如今同一主题的文章集中阅读所产生的冲击力就更强，思考就更深了。所以，他们纷纷建议我们今年要继续编辑出版《上海滩》杂志丛书。为了不辜负大家的期望，我们经过慎重考虑和仔细研究决定，今年继续编辑出版4本一辑的《上海滩》杂志丛书，分别是《英雄儿女——志愿军老兵朝鲜战场亲历记》《上海制造——黄浦江畔的中国品牌》《影坛春秋——上海百年电影故事》《城市之光——上海老城区风貌忆旧》。

古人云："多难兴邦。"中国自1840年鸦片战争以来，饱受列强欺凌，战乱不断，国家动荡，民生凋敝。但几乎是与此同时，中国人民为了国家独立和民族解放开展了一次又一次的反帝反封建的斗争，最终在中国共产党的领导下，推翻了帝国主义和封建主义的统治，建立了中华人民共和国。可是，以美国为首的帝国主义势力不愿意看到一个社会主义中国屹立在世界东方，悍然发动了侵略朝鲜的战争，并且迅速地将战火烧到鸭绿江畔的中朝边境，直接威胁刚刚成立不到一年的新中国。与此同时，盘踞在台湾的蒋介石政权幻想借助美国的力量卷土重来，反攻大陆。

以毛泽东同志为核心的党中央面对狂妄不可一世的美国军队，面对朝鲜战场上日益危急的战况，面对新中国受到的侵略威胁，经过慎重研究，仔细谋划，毅然决定动员全国军民"抗美援朝，保家卫国"！

1950年10月19日，中国人民志愿军数十万名将士奉命秘密进入朝鲜，在朝鲜人民军的密切配合下，对武装到牙齿的以美国为首的"联合国军"连续发起五次战役，打得骄横的美国王牌军队丢盔弃甲，逃窜到"三八线"一带。最终迫使美国在板门店签署了停战协议，取得了抗美援朝战争的胜利。

在这场抗美援朝的战争中，上海也有许许多多优秀儿女，响应党的号召，踊跃报名参军，"雄纠纠，气昂昂"地跨过鸭绿江，不怕天寒地冻，不怕流血牺牲，在打击侵略者的战斗中，立下了不朽的功勋。《上海滩》杂志自创刊以来，十分重视组织发表当年的志愿军老战士撰写回忆抗美援朝斗争故事的文章，同时还组织发表了当年许多新闻界和文艺界名人到朝鲜战场采访和慰问演出的感人故事。今年恰逢纪念抗美援朝70周年，我们从中遴选了28篇精彩文章编成了《英雄儿女——志愿军老兵朝鲜战场亲历记》。其中既有讲述志愿军里上海籍指挥员指挥作战的故事，又有上海战地记者亲历上甘岭战斗的惊险场面；更有著名作家巴金在朝鲜战场采访后创作了中篇小说《团圆》，后来改编成电影《英雄儿女》的秘闻；还有我军官兵如何严格按照日内瓦公约善待美国及其他国家俘虏的回忆……这些文章大都是亲历者所写，故而内容真实，情节感人，值得一读。

1953年7月27日，朝鲜停战协定签订之后，上海和全国一样掀起了社会主义经济建设的高潮。上海工人、农民和广大知识分子在党中央和上海市委领导下，充分发挥上海工业基础雄厚的优势，团结奋斗，勇于创新，创造出许多令世界震惊的奇迹，制造出许多令人自豪的"大国重器"。比如，1962年在上海重型机器厂制造安装的第一台万吨水压机，就打破了西方国家对我国的封锁。这些西方国家的政客和某些媒体始则不相信，继而进行污蔑。为此，美国著名记者斯诺还专程来上海现场采访，有力地反击了西方政客和

城市
之光

一些媒体的谣言攻击。不久，上海又造出第一台十二万五千千瓦双水内冷发电机，再次引起世界瞩目。后来，中国第一枚火箭在上海升空，第一艘万吨轮在上海下水，尤其是改革开放之后，上海制造的汽车、大飞机、互联网络，建造的大桥、地铁、机场、港口、高楼大厦等，都充分显示出上海是制造"大国重器"的重要基地。30多年来，《上海滩》杂志非常重视组织这方面的稿件，先后发表了近200篇文章，既歌颂了上海人民在党的领导下，勇于创新，用"蚂蚁啃骨头"的精神，创造人间奇迹的动人事迹，也讲述了不少爱国企业家在旧中国遭受到洋人、买办倾轧的情况下，坚持自主创业，坚持中国制造，抵制洋货倾销的艰辛历程。我们从中挑选了30余篇文章编成《上海制造——黄浦江畔的中国品牌》，呈献给大家。

城市
之光

长期阅读《上海滩》杂志的读者都知道，上海是一座时尚之都，世界上只要一开始流行什么时尚的东西，很快就会出现在上海街头。比如：1895年12月28日，法国人路易·卢米埃尔放映了他拍摄的宣传片《工厂的大门》，开创了世界电影的先河。仅过了半年多，上海徐园就放映了第一部西洋电影。1913年，郑正秋和张石川拍摄了中国第一部故事片《难夫难妻》，放映时受到市民的热烈追捧。从此，上海的电影业迅速发展，培养了一代又一代的影迷。上海很快成了中国电影的"半壁江山"，上海电影业也成了海派文化的一个重要组成部分。

《上海滩》杂志的编辑和许多读者一样，都是热情的影迷，因此，我们从创刊伊始就注意挖掘整理有关中国电影的史料。特别是著名导演、演员在戏里戏外的感人故事，不断地刊登在《上海滩》杂志上。其中有中国电影开拓者郑正秋清除滥剧淫剧恶俗剧的故事，有陈铿然、徐琴芳等冒险深入现场拍摄"五卅"惨案，张石川闯入火线拍摄"一·二八"淞沪抗战的新闻纪录片的义举，还有详细讲述影剧先锋应云卫拍摄电影的轶闻，以及著名导演汤晓丹谈拍摄故事片《红日》的幕后故事。至于赵丹、胡蝶、白杨、阮玲玉等著名演员的趣闻逸事更是遍布于刊物之中，俯拾皆是。如今，我们从260多篇文章中精选出30多篇编成这本《影坛春秋——上海百年电影故事》，以满足诸位读者的阅读需求。

熟悉上海地情知识的读者都知道，上海滩上的每一条马路、每一幢老房子、每一条里弄、每一个老城区都记载着厚重的历史，镌刻着优秀传统文化的记忆，记录着感人的故事。

比如，上海"八仙桥"地区的名字来源于一条马路的名字之争。1860年英法联军攻下北京东大门的咽喉——八里桥后，咸丰帝仓惶逃命。消息传到上海，英法侨民欣喜若狂，并将"八里桥"作为法租界内的一条路名，但遭到上海人民的强烈反对，并按照地名中近音转换的方法，将这条路叫作"八仙桥路"，在地图上也各标路名。毕竟中国人多，时间一长，不仅有"八仙桥路"，而且在河上还真的架有几座八仙桥，再后来大世界这一片城区也被唤作"八仙桥"了，再也没有人知道原来的那条路名了。因此，《上海滩》杂志自创办以来，十分重视挖掘上海老城区、老弄堂、老马路的珍贵史料，先后刊登了近百篇文章。比如，19世纪末清末状元张謇到上海办实业，在十六铺建造大达码头；上海知县黄爱棠在十六铺创办电灯厂，让电灯在十六铺的马路、码头、店铺亮起来，与租界"并驾齐驱"，等等。

这些老城区里的故事，真实感人，深受读者欢迎。为此，我们从中遴选了几十篇文章，编成《城市之光——上海老城区风貌忆旧》一书，奉献给大家。

今年春节前，我们虽然遭受了新冠肺炎病毒疫情的袭击，但是我们有信心在以习近平为核心的党中央的坚强领导下，一边抗击疫情，一边坚持做好各项工作，按时将今年的《上海滩》丛书，奉

城市
之光

献给广大读者朋友，为彻底战胜疫情贡献一份力量。同时，我们希望今年的《上海滩》丛书也能像前两辑丛书一样，受到广大读者朋友的喜爱，并希望能听到你们的宝贵意见，将我们的丛书编得更好。

上海地情普及系列·《上海滩》丛书项目组

2020 年 3 月

城市
之光

目录

城市之光

城市
之光

城市
之光

上海洋泾浜

黄志雯

"洋泾浜"现在名扬世界了。英语中早已出现了"洋泾浜语言"的词汇，由此，可以看出它的影响。

洋泾浜原在上海市区，又名西洋泾浜，是黄浦江的支流。浜身蜿蜒曲折，西入周泾（今西藏南路），直通吴淞江（苏州河）。今延

城市
之光

市民们在洋泾浜边观看大型管道起吊

安东路自外滩至大世界路段，就是当年的洋泾浜。

洋泾浜自从成为英、法两租界的界河后，出现了"洋泾浜英语"而闻名中外。

上海开埠前后的洋泾浜

洋泾浜因通洋泾港而得名。明永乐初年，黄浦江水系形成后，洋泾浜分为东、西两段，浦东段为东洋泾浜，浦西段为西洋泾浜。清乾隆后，因沿浦筑土塘，浦东段不再通水，后逐渐淤塞。从此，浦西段便不再冠以"西"字，直呼洋泾浜，浜旁全是田野旷地，其间有弯弯曲曲的泥泞小道和水沟。

英、法两租界相继开辟后，洋泾浜两岸形成两条道路，浜北是英租界松江路，浜南为法租界孔子路，是上海最早出现用中国人名命名的路。为了便于行人来往，浜上陆续架起9座桥，大都是木质

洋泾浜旧貌

城市之光

小桥。自外滩向西有：外洋泾桥（今中山东一路与中山东二路交接处）；二洋泾桥（今四川中路和四川南路连接处）；三洋泾桥（今江西中路与江西南路之间）；三茅阁桥（今河南中路与紫金路之间），原名韩家桥，因桥北于明永乐六年（1408年）建有一座延真观，祀三茅真君，又名三茅阁，故此桥被称为三茅阁桥；带钩桥（今山东中路、山东南路之间），原名桂香桥，又名荡沟桥，俗称打狗桥；郑家木桥（今福建中路与福建南路交接处），咸丰六年（1856年）重建，原名陈家木桥，因谐音误为郑家木桥；东新桥（今浙江中路与浙江南路交汇处），原名新桥，后为区别西面的桥（西新桥），而冠以"东"字；西新桥（今广西北路与广西南路之间）；北八仙桥（今云南南路与云南中路之间），建于19世纪60年代。后因洋泾浜各桥附近停满柴草粪船，浜水污浊，颇碍卫生，且桥身狭小，交通不便，英、法两租界共同协商后，决定填浜筑路。于民国三年（1914年）6月开始动工，民国五年（1916年）筑成宽广马路，用英王爱多亚第七之名，命名为爱多亚路。民国三十年（1941年），日本发动太平洋战争，驻沪日军占领租界后，改爱多亚路为洛阳路。抗日战争胜利后，国民党上海市政府将其改名为中正东路。新中国成立后，于1950年5月，改名为延安东路。

英法两租界的界河

洋泾浜自成为英法两租界界河，架设桥梁，尤其是填浜筑路后，交通日益繁忙，县城内商户向此转移，中外商贾纷至沓来，从外滩至东新桥一带，成为热闹繁盛之地。较有名声的企业，浜北有清光绪三十三年（1907年），英商开办的亚细亚火油公司；光绪二十七年（1901年），美商创办泰晤时报；在棋盘街口有一名叫丽水的茶馆，临流高筑，明窗开敞。当时上海三层楼房甚少，丽水茶楼十分引人

3

注目。这是租界里第一家新式华丽的茶楼，往来客商以此为接洽交易之地。多有包探、巡捕、流氓等出入其间。郑家木桥至东新桥一带，商号林立，烟馆、赌场、妓院等集中在此，帮会流氓在这里活动猖獗。在浜南有法商汇理银行，清咸丰十一年（1861年），英商开设会德丰驳运公司，三茅阁桥南是法租界总巡捕房（俗称大自鸣钟巡捕房）所在地。郑家木桥之西南，有光绪七年（1881年）创办的中国最早的电政局等。填浜筑路后，两侧市房先后翻建成高楼大厦，一些大企业相继在两旁开设，如万国储蓄会、美商友邦银行、中汇银行、安乐宫饭店、大中饭店、大沪饭店、南洋烟草公司发行所、华商证券物品交易所、纱布交易所、中南饭店等。民国六年（1917年），大世界游乐场开设之后，这一带更加繁荣。

洋泾浜英语

由于洋泾浜是英法两租界交接处，故人车辐辏，中外商贾云集。外国商人不谙中文，中国人也不懂外文，于是因商业贸易的需要，便产生了一种"用英语词语说中国话"的不规则的英语。

清代称外文翻译为"通事"。在洋泾浜上有一些略通几句蹩脚英文的人，徘徊在马路上，当外国人来洋泾浜或经此到县城做生意时，感到人地生疏，言语不通，在踌躇之时，这种人便上来自充翻译，获取酬金。上海人称他们是"露天通事"。他们和外国人打交道时，用带很浓重的上海、宁波等口音，用汉语语法拼缀成简单的英语语句，这种似洋非洋的话，其发源地在洋泾浜，故人们称之为"洋泾浜英语"。如我不能，英文是"I can not"，而洋泾浜英语却是"My no can"；把"两本书"说成"two piece book"，把"让我看看"说成"let me see see"等。这种"洋泾浜英语"，词汇贫乏，来源混杂，但语言结构简单明晰，很有实用价值。自此，大批外来借词首先在洋泾浜传播，有许多词至今还在使用，如沙发、白兰地、土司、色拉、凡士林、水门汀等。有些在旧上海曾广泛使用，而今已经消失了。如洋行买办称"康白度（compradore）"，跑街称"式老夫（shroff）"，工头称"那摩温（number one）"，佣金称"康密兴（commission）"，小账称"司冒而（small）"，电话称"德律风（telephone）"，分肥称"哈夫哈夫（half）"，银元称"大拉斯（dollars）"等。

上海人为了学洋泾浜英语，还编成一则洋泾浜英语歌谣，即"来是'康姆（come）'去是'谷（go）'，廿四块洋钿'吞的福（twenty-four）'，是叫'也司（yes）'勿叫'拿（no）'，如此如此，'少咸鱼沙（so and so）'，真崭实货'佛立谷（fully good）'靴叫'蒲脱（boot）'鞋叫'靴（shoe）'，洋行买办'康摆度（comprador）'，小火轮叫'司汀巴（steamer）'，'翘梯翘梯（tea）'请吃茶，'雪堂雪堂（sit dowm）'请侬坐，洋山芋叫'扑铁秃（potato）'，东洋车子力克靴（rick-shaw）'，打屁股叫'班蒲曲（bamboo chop）'，混账王八'蛋风炉（damn fellow）'，'那摩温（number one）'先生是阿大，跑街先生'式老夫（shroff）'，'麦克麦克（mark）'钞票多，'毕的生司（empty cents）'当票多，红头阿三'开泼度（keep door）'，自家兄弟'勃拉茶（brother）'，爷要'发茶（father）'娘'卖茶（mother）'，丈人阿伯'发音落（father-in-law）'"。

除了洋泾浜英语，还有洋泾浜法语等。以后"洋泾浜"三字成为一种混杂语言的代名词。外国人讲的蹩脚中国话，外地人讲的不好的上海话，带着土音的普通话，都被称之为"洋泾浜"。只要讲"洋泾浜"三个字，人们就知道是指不纯粹的某种民族语或方言。

洋泾浜的传说

史　欣

一条不起眼的河道

上海，地处长江三角洲东端，是江海潮汐交互作用冲积而成，地势平坦，河道纵横。在形成近代化城区以前，除了吴淞江和黄浦江，曾经有过数以万计的大小河流。洋泾浜就是其中一条历史悠久却并不起眼的普通河道。

这是一条宽约五六十米、东西走向的河流，自今大世界处与北长浜、周泾相接，东流至浦东古镇洋泾，注入洋泾港，长约六七千米。明永乐元年（1403年），朝廷派夏原吉治理苏松水患，他采纳了叶宗行、张宾旸两位上海人的建议，浚疏范家浜，引大黄浦北流，至今复兴岛处与吴淞江合流。这样，洋泾浜便被新挖成的今天称之为黄浦江的大江截成了东西两段。清雍正十年（1732年），上海发生了一次特大风暴海啸，损失惨重。之后朝廷大力防洪，乾隆年间修成黄浦江土塘，东洋泾浜通黄浦江的入口被封，水源骤减，水流大缓，被改称为定水浜（亦称定水河）。于是，浦西段便去掉"西"字而名为洋泾浜了。

1914至1915年间，洋泾浜被填没筑路，以英王爱德华七世的法语发音命名为爱多亚路。1943年10月更名大上海路，1945年10月改为中正东路，1950年5月改称延安东路。定水河因潮汐不畅而由西向东迅

6

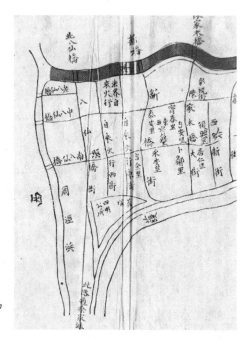

洋泾浜地区图（图中深色河道即为洋泾浜）

城市
之光

速淤塞，到民国前期已只有钦赐仰殿以东一段。至20世纪60年代，已成一条三四米宽、1米深的小沟了，要不是洋泾船厂营建拖轮船坞，于1969年挖土4万立方米，使民生路向东河道拓宽至20米左右，恐怕早已沧海桑田了。在20世纪90年代起的浦东市政大改大建中，洋泾船厂撤了，定水浜也填了，近年已成了维多利亚等居民小区的一部分，只有长约200米、改为景观河的一段还依稀可见昔日定水浜的一点影子。

从地图上凝视着从延安东路到这段景观河道之间的无形直线，可以想象六七百年前，在这条横贯上海县境北的河道上，片片篷帆、点点渔火的江南牧歌式风光。

上海租界的代名词

道光二十五年十一月初一日（1845年11月29日），上海县城北海关盘验所前的墙上贴出了一份告示，上面盖着"分巡苏松太兵备道"（简称上海道）的大红关防。这是一份在上海和中国近代史上具有重大影响的文献，当时并无名称，后来被称为《上海土地章程》《上海地皮章程》《上海租地章程》等。这是英国驻上海领事巴富尔和上海道宫慕久签订的地方性协定，依据三年前签订的那份《南京条约》，宣布洋泾浜以北、李家厂以南的沿黄浦江地块，准租与英国商人建房居住之用。次年，又确定一条路为西界，即名界路（今河南中路）。这就是中国近代史上第一块外国租界——上海英租界的肇端。

从此，洋泾浜这个不起眼的河名，却频繁地出现在中外交涉的文件条约中，并因此而在清朝的廷议中被频繁地提到。自道光开始的万岁爷，包括代行万岁大权的慈禧太后也经常看到和听到这条河名。道光二十八年（1848年），英租界顺洋泾浜与吴淞江西推到后来名为泥城浜的河边（今西藏中路）；次年三月十四日（1849年4月6日），上海道麟桂又以告示宣布："南至城河（今人民路），北至洋泾浜，西

19世纪90年代的洋泾浜

8

至关帝庙褚家桥（今寿宁路东段），东至广东潮州会馆沿河至洋泾浜东角，辟为法租界"；同治三年三月二十六日（1864年5月1日），上海道与各国领事商定，正式设立"洋泾浜北首理事衙门"，在英国领事官员旁听下，派员专门审理英美租界内的华人案件，这便是上海英美租界会审公廨的前身，也是中国政府在租界内司法权旁落的嚆矢；同治八年三月初九日（1869年4月20日），《上海洋泾浜设官会审章程》正式生效，会审公廨宣告成立；次年八月初九日（1870年9月24日），经过各国驻华公使团批准的《上海洋泾浜北首租界章程》颁布，这个章程连同后附的42条"附则"，成为上海英美租界（后名公共租界）的根本大法，一直实施到1943年。

这样，洋泾浜就成了上海租界的代名词，也是上海夷场、洋场和近代化城区的代名词。1936年，一位笔名"心真"的文人将自己所写的反映上海金融、经济、文化以及阮玲玉自杀、新生活运动等社会现象的竹枝词，就名之为《洋泾浜新竹枝词》。

风行一时的洋泾浜英语

"来是康姆去是谷，念四块洋钿吞的福，是叫也司勿叫拿……"这是古稀"老上海"熟知的洋泾浜英语。"洋泾浜英语"之称，大约出现在20世纪初，这是学者周振鹤先生的考证，其原来的称呼是"别有琴"或"别琴"（pidgin 或 pigeon）英语。这是一种在英国势力为主导作用的租界条件下，产生和流行的以上海话夹杂英语词汇的混合语言，也是洋泾浜在上海文化上留下的深刻印记。

上海自开埠和开辟租界后，以商业贸易为龙头，百业俱兴，附洋即发。于是，在既未受过正规英语教育，又最早与洋人打交道的一批买办、商人、服务人员中，开始出现这种别琴英语，到同治年间已非常流行。当时江南制造局翻译馆的一位名叫杨勋的翻译，力

城市
之光

图扭转这种状况，特地写了《别琴竹枝词》百首，自同治十二年二月初五日（1873年3月3日）起，分4次在《申报》上发表，希望引起大众的注意。其第一首所言即充分反映了洋泾浜英语对于上海商场上讨生话的重要意义："生意原来别有琴，洋场通事尽知音。不须另学英人字，的里温多值万金。"的里、温、多即是three、one和two（三、一和二）。洋泾浜英语使用面后来极广，就连烟纸店小老板甚至黄包车夫都会来上两句。

随着留洋归来者增多，特别是各类外语学校兴起，正规外语教育迅速发展，洋泾浜英语渐渐衰落。当年笔者步入小学堂时，"一块洋钿温大辣（one dollar），念四块洋钿吞的福，由阿发柴（your father）就是我……"，已成了讨人便宜念白相的儿歌。"洋泾浜"也成为讥笑人非驴非马、不伦不类的代名词，诸如"洋泾浜普通话"之类的说法纷纷诞生。

其实，这种不中不西、亦中亦西的洋泾浜英语，正反映了中西俗文化的混杂和融合，也是上海近代城市文化发展之初的一个特征。

两界三方各归各

"大英法兰西，大家勿来去。"这是一句老上海俗语，意思与"黄牛角，水牛角，大家各归各"相同，而其出处恰从洋泾浜而来。

道光二十九年（1849年）起，洋泾浜成了英法两租界的界河。咸丰年间，上海政局不稳，小刀会起义、太平军进攻，而当时上海有英、美、法三个租界，英美政府就提出三界合并，以加强防卫和管理，一度也建立了三界合并的市政机构。由于法租界最靠近县城，受影响最大，法国领事对合并设立的市政机构只关注洋泾浜北的利益而忽视浜南利益，颇有抵牾。当时英国在华的势力最大，法国政府不甘心受英国支配，遂于同治元年四月初一日（1862年4月29日）

宣布单独成立大法国筹防局（后名公董局），正式宣告脱离联合。次年，英美租界正式合并，光绪二十四年（1898年）又以共同租界名义扩张，遂改称"公共租界"。实际上从1863年起上海已形成了两界（华界、租界）三方（中国政府、英美租界工部局、法租界公董局）并存的行政格局。

从此，两租界各行其是，彼此不能越界。此界的黄包车牌照入彼界就无效，故后来有了仅一界通行的小牌照和各界通行的大牌照之分。如坐电车，从此界到彼界，亦须于分界处换乘。即便是巡捕追捕逃犯，只要逃犯逃过界去，巡捕只能望界兴叹。洋泾浜既是界河，这类事自然都发生在浜的两边。加上作为侵华先锋的英国在上海的影响实在太大，尽管洋泾浜北首早已合并为英美租界（1899年又改称公共租界），但上海人还是习惯地称之为英租界。于是，便有了上文所提到的那句俗语。

黄金荣混迹郑家木桥

"郑家木桥小瘪三"，这也是老上海的一句俗话，说的是洋泾浜的郑家木桥两堍是瘪三云集之地。两租界既然"大家勿来去"，自然成了小偷、强盗等作奸犯科者最可利用之地，于是就有了这样的情况。

郑家木桥是洋泾浜上的一座桥。洋泾浜上有过许多桥，自东向西排列着，有外洋泾桥（今中山东一路、中山东二路处）、二洋泾桥（今四川路口）、三洋泾桥（今江西路口）、三茅阁桥（今河南路口）、带钩桥（又名荡沟桥，今山东路口）、郑家木桥（本名陈家木桥，今福建路口）、东新桥（又名新桥，今浙江路口）、西新桥（今广西路口）、北八仙桥（今云南路口）。据有关方志记载，最早的是三茅阁桥，建于康熙年间，外洋泾桥与郑家木桥建于咸丰六年（1856年），其余大多建于同治年间（1862—1874年）。方志记载常有疏漏。以三茅阁桥言之，地处上海县城北门外，自嘉靖倭祸平弭后至康熙的一百多年间岂可能一直无桥？再如郑家木桥，美国人泰勒于道光二十七年（1847年）在桥址东南建造了上海第一座基督教堂，即今西藏中路沐恩堂的前身。为便利教徒礼拜，同年他又造了一座木桥，名泰勒氏桥，《上海公共租界工部局董事会记录》中多次提到此桥。再追溯远些，《上海李氏家乘》中记载了上海望族李家嫁女于老闸镇瞿氏，为送嫁妆和方便两家探视，以一步一石板的标准，从北门筑了一条石路到老闸镇，这就是福建南路与福建中路旧名石路的来历，显然这里理应有桥，只是史料发掘尚欠充分而已。

　　小瘪三者，乞丐、小偷、盗贼、流氓之总谓也。租界时代，郑家木桥两块，南有孔子路（这是租界里最早以中国人名命名的道路），北有松江路。洋泾浜当时四五十米宽，篷船、舢板运载着浦东、西乡、北郊的柴菜出入于此，而两界三方又各不管辖，于是三教九流各式人等组成的流氓团伙，以此为大本营，"抛顶宫"（抢帽子），"剥猪猡"（劫掠行人衣服首饰），交易鸦片，策划各种犯罪勾当，成为上海犯罪分子的一大渊薮。

正在被填没的洋泾浜

洋泾浜边的
茶楼

清末民初，上海滩有不少著名流氓出身于此。如一首俚歌中的小丁香，即郑家木桥一霸，"正月梅花阵阵香，四海名扬小丁香。在帮兄弟都晓得，出门常带小家生"。关于小丁香，所留史料绝少，他后被清廷捕杀于苏州。光绪十八年（1892年）进入法租界捕房、后来当上督察长、被法租界倚为"治安长城"的上海青帮大亨黄金荣，更是巧妙利用郑家木桥小瘪三的"典范"。他先与混迹于斯的丁顺华、程子卿等结交，既利用这帮流氓作案由他破案，邀功取信于法国佬，又利用自己的影响释放被抓的人，在流氓群中建立起威信，从而广布眼线，为破获大案形成情报网络。恽逸群在《蒋党真相》中披露过这样一件事：黄金荣曾让郑家木桥的混混到一家剧场去捣乱群殴，那天无论剧场老板请哪路老大都制止不住，此时有人进言"不妨让黄金荣来试一试"，老板将信将疑。待黄登台一喝，全场顿时停手，鸦雀无声，黄氏遂声名大振。诸如杜月笙的师父套签子陈世昌、追随黄金荣后当上国民党警备司令部谍报处处长的闹天宫徐福生、七十六号警卫大队长吴世宝的师父季云卿，也都是郑家木桥出身。前面提到的程子卿，也是由黄金荣拉进了法捕房，当了十多

13

年的督察长，由他起主要作用的法租界警务处政事部，1927年时被法国政府赞为远东最出色的情报机构。丁顺华也当上了淞沪铁路便衣侦探队的队长。

洋场"秦淮金粉"地

> 洋泾浜畔柳千条，雁齿分排第几桥。
>
> 最是月明风露夜，家家传出玉人箫。

这是晚清邗江李默庵寓游上海时写的《申江杂咏》中的《洋泾浜》一诗。洋泾浜两侧自划为租界以后，经华洋杂居，人口剧增，迅速成为闹市。同治、光绪年间，南汇丁宜福来到上海，曾惊叹其地"繁盛极矣"。

当时的洋泾浜独多茶楼、酒肆和青楼。如三茅阁桥畔的丽水台，"杰阁三层，楼宇轩敞"。著名的洋务派文人王韬在《瀛壖杂志》中称荡沟桥畔"皆江北流娼，动以千百计。每夜谯楼鼓动，门外皆缀一灯，从桥畔望之，丛密如繁星"。洋泾桥一带则多粤东女子，"粤俗呼之'咸水妹'"，沪人讹呼为"咸酸梅"；向里的二洋泾桥附近又多西妓院。同治年间，有位署名西泠漱华子的人写了篇《洋泾浜序》，云："花月清阴，春光醉我。香迷十里，爱开歌舞之场；丽斗六朝，敢续烟火之记。……花灿堆银，天真不夜。火齐列树，星有长明。杨柳帘栊，送出笙歌一派；枇杷门巷，围来粉黛三千。"

洋泾浜分明是座不夜城，洋场秦淮金粉地。

闲话泥城浜和周泾浜

静 观

你知道历史上的泥城浜和周泾浜就是如今的西藏中路和西藏南路吗？

英国画家描绘泥城之战的漫画

将错就错"泥城浜"

泥城浜，泥城桥，这里原来既没有浜，也没有桥，泥是有的，但并非泥城，而是泥地。1848年"青浦教案"发生后，英国领事阿礼国逼迫上海道台麟桂同意其扩大租界的要求，旋即从界路（今河南中路）延伸，北到苏家宅，南达周泾，西至今西藏中路一线。

1853年上海小刀会起义，起义军占领县城。租界当局以保卫租界安全为由，就在这一线（即今西藏中路）开凿了一条河道，作为

15

护界河，被人唤作护城河、新开河。

1854年，在这条河东面，与今浙江中路之间，北至芝罘路，南及北海路，开辟了第二个跑马场。护城河畔种了不少花木，洋人多在此散步、休息，人称新花园。而河西的华界还是一片农田，清军在这一带造了几处营房。

当时在这条河畔，围攻小刀会的清军与洋人不断发生争端。英国商人说，有清兵越过河浜偷建筑工地上的木材，又是那个"青浦教案"的主角慕维廉，骑马到浜西，遭到清兵开枪袭击。4月3日，英人史密斯偕女友在跑马场附近散步，与清兵发生口角，遭到围攻，史密斯受伤，被一个美国商人魏德卯救走，并报告英国驻军。不一会儿，英美陆战队即向清军的营盘开炮、放火。上海道台吴健彰、江苏巡抚吉尔杭阿向阿礼国道歉，但遭拒绝。英、美、法三国领事联名向吉尔杭阿提出：清兵必须向西南方向退出三华里，黄浦江上中国炮艇的人员必须撤走，限下午三时答复。三时半，吉尔杭阿回答不能完全接受。四时，英军开始向清军进攻，美国军舰上有百余士兵登岸参战。这时小刀会起义军也从南面出击，清军大败，死三百余人，兵营全毁，英美军则死伤二十余人。

这场不满两小时的战斗，结果又是清政府屈膝求和。从此英美等列强攫取了中国海关主权，而侵略者则承诺协助清军镇压小刀会。外国报刊将这场战斗称为"泥城之战"。美国商人魏德卯也参加了这场战斗。他在一篇通讯中，写了一个水手在河边泥滩上滑了一跤，一脚踏入污泥中，使其他人的脚上也沾了泥水，有人便说这场战斗也可称为"泥足之战"。据说稿子拿到排字房，排字工人不理解"The battle of Muddy foot"的意思，遂将foot改为flab（泥地），中文却译成"泥城"，可能因战事发生在护城河边，总以为该译成"城"吧。笔者认为，排字工人不可能改稿，也许是编辑不解其意而改动的。后来发现错误，对外就称是排字工人误植铅字。但从此以后，这条

城市
之光

16

西藏路上的"新世界"

新开河就得名为泥城浜了。

泥城浜上曾造了三座桥。北泥城桥,在今北京东路口;中泥城桥,在今南京路口;南泥城桥,在今福州路口。北泥城桥在填浜筑路时拆去,但上海人一直将这地方唤作泥城桥。有人认为跨苏州河的西藏路桥原是北泥城桥。其实此桥早建于1853年,又名新垃圾桥,1924年改建,与泥城桥并无关系。

路名改叫"虞洽卿"

1912年公共租界工部局填没泥城浜,拆去三座泥城桥,筑成马

17

虞洽卿路命名仪式

路（西藏路）。而浜东侧今南京路广东路间凿护界河后就辟了一条小路，早在1865年已命名为西藏路。

1936年，公共租界工部局为表彰宁波大商人虞洽卿为租界日益繁荣作出的贡献，决定将西藏路改名为虞洽卿路。这位海上闻名的"阿德哥"（原名虞和德），为上海商界领袖人物，虽没有做过高官，也不是帮会头子，但在洋人、军阀、国民党政要、上海青红帮之间，却是个能呼风唤雨的要人。抗战时他任难民救济会会长，后去重庆，1945年4月病逝。1936年10月1日，公共租界举行虞洽卿路命名典礼，从宁波同乡会到跑马厅一段，张灯结彩。万国商团马队、工部局乐队、各国领事馆人员、两租界头面人物一齐出动，中国官员也来了不少，当天来到这条路上看热闹的市民约有十万人次。

西藏路是当年老北站至中区的南北干道，全长1 400米。成路后

黄金大戏院

不久，路旁就出现了许多大商店、娱乐场所。从北京路口向南，有大上海大戏院、新世界游乐场、皇后大戏院（新中国成立后改名和平电影院，已拆除）、米高美舞厅、维也纳舞厅、大新公司（今第一百货商店），还有宁波同乡会等。南京路以南，则旅馆饭店林立，早期有晋隆、一品香，此后陆续出现了爵禄、远东、大中华、东方（今工人文化宫）、大陆等。而一些饭馆、点心店、咖啡馆、食品店、小剧场，经常易主，更换招牌，如甬江状元楼、万寿山酒楼等。此外还有一家时疫医院。在20世纪60年代，一家不起眼的星火食品商店，以24小时日夜服务，成为全市商业服务的标兵，名噪一时。

1917年的大世界

　　当年此间夜市可称上海第一。那座慕尔堂，一度还在塔楼顶部安装5米高的霓虹灯十字架。十字架底座装有马达，夜晚不仅发光，而且徐徐转动，仿佛告诉人们，上帝没有休息，正关注着每个人的善恶行径。据说这是一个美国人捐钱建造的。

周泾浜畔褚家桥

　　泥城浜南至洋泾浜，与周泾相通。周泾，亦称周泾浜，南至护城河，连接肇嘉浜，穿过老城厢流入黄浦。北经洋泾浜与寺浜相接，至苏州河，是连通南北水路的要道。1909年填浜筑路，以法国领事敏体尼荫命名。1943年改为宁夏路，1945年改名西藏南路，并将南面的蓝维蔼路（法公董局职员名，曾改名安徽路），与万生桥路相通，都称西藏南路。改革开放后，又将南面原肇周路拓宽，西藏南路便延伸到了黄浦江边。

　　周泾浜上原有桥梁5座。八仙桥（又名石八仙桥），1915年重建，在今龙门路口。南八仙桥，1908年建，在西藏南路金陵路口。

　　褚家桥，亦有南北两桥，一在今桃源路口，一在今寿宁路口，为褚氏所建。褚氏虽算不上名门望族，但明清两代，世居周泾畔八仙桥西。明万历年间，曾在西安为官的褚永祚（字尔昌）回故乡，见潘允亮（豫园主人潘允端之弟）、顾从义（曾捐资造上海城墙）根据宋拓本摹刻有"法帖之祖"之称的《淳化阁帖》，甚为心动。褚永祚也根据宋拓本，再补入他在陕西收集到的周、秦、汉代人手迹刻石，是为褚刻本。上海当时仅是松江府属的一个县，同时出现三种"阁帖"刻本，亦为士林佳话。潘、顾有拓本传世，而这第三种刻本，原石已佚，亦未发现拓本，故知者不多。民国初年在福煦路（又名长浜路，今延安中路）陆家观音堂左发掘了褚永祚墓，出土铜墓志一方。古人的墓志多刻石，百姓与清寒士人在木板上用朱砂书写，贵族王公用铁板，而用铜制者则少见。

褚永祚的堂兄弟有从商者，经营棉布，每年秋冬，设临时布庄，向农民收购布匹，再由陕西、山西布商到褚家上门收购，褚家遂成上海首富。褚永祚六世孙褚华，清嘉庆时人，著《沪城备考》《木棉谱》《水蜜桃谱》等。抗战前，上海市通志馆编纂《上海掌故丛书》辑入，由中华书局出版。

繁华更趋大众化

褚家桥虽已不存，却留下了地名，即今西藏南路桃源路至寿宁路一带，老上海人仍称其为褚家桥。提起褚家桥，还可引出一个人。在寿宁路口有一个老金公馆。主人金廷荪也算是上海二等"大亨"。他以开赌台起家，与杜月笙结为儿女亲家。金氏一度承包经销国民政府发行的航空奖券，发了大财。这幢房子，据说是他与一个"小开"赌了一夜而赢来的。后来，此屋作为黄金大戏院京剧演员的宿舍，居住的多为北方二三流演员，颇受附近一带居民瞩目。

最初，敏体尼荫路并不热闹。1914年，黄楚九与经润三合伙开办新世界。经润三去世后，其妻汪国贞与黄楚九闹翻。黄楚九欲另办大世界，却苦于一时找不到地方。法国领事甘世东为了促使法租界市面兴旺起来，遂以108 000两的低价将15 000平方米的地皮售与黄楚九。1917年7月，大世界开张，果然带动了敏体尼荫路的繁荣。八仙桥、褚家桥一带日渐兴盛，开了不少酒馆、饭店、点心铺。八仙桥西的宝大祥、协大祥老字号布店，虽相距咫尺，却还是在大世界南设了分店。1930年黄金大戏院建成，原放映电影，后改演京剧，卖座与天蟾舞台、大舞台等相颉颃。1931年，八仙桥基督教青年会十层高楼落成，中西合璧的外观，为这条马路增色不少。从法大马路（今金陵东路）外滩，经敏体尼荫路到八仙桥龙门路，成了当时上海人购物、娱乐的一个与众不同的去处。百货杂陈，档次不高，价格适中，又有百戏纷呈的大世界，较南京路、霞飞路（今淮海中路）更为大众化、平民化。

但是，西藏路上的色情风景也出现了，八仙桥、褚家桥的中低级妓院（俗称咸肉庄），吸引了不少小商人、小职员、小市民。褚家桥的几条弄堂内，都有"燕子窝"（低级的吸毒场所）、小赌博台、"花会筒"等，白相人横行，是旧上海下层社会的缩影。

向南，是南阳桥至长生桥一段，多为老式里弄石库门房子，属于比较安静的地区。这些年来，从南阳桥到江边码头的西藏南路上，也有许多高楼拔地而起，沿江是世博会规划区，更呈现一番新面貌。

淮海路百年沧桑

许洪新

淮海路，东起人民路，西讫凯旋路，全长7公里多，分东、中、西三段。其主干是西藏中路至华山路的淮海中路，约5.5公里，这是上海著名的商业街和高级住宅区。早在30年代，即以霞飞路之名，以幽美、繁华、高雅而享誉中外。淮海中路辟筑于1900年，开通于1901年，恰与20世纪同步。回眸这风风雨雨、曲曲折折、翻天覆地的100年，淮海路有忧伤，也有屈辱，但更有光荣和自豪。

辟筑淮海路：浸透上海人民的血泪

淮海中路的辟筑，饱含着民族的屈辱，同时又镌刻着上海人民英勇的抗争。

早在1845年，英国依据不平等条约，迫使清廷上海地方政府签订了《上海土地章程》，并于次年率先开辟租界。1849年，法国紧步其后。最初的法租界，东起黄浦江，西至周泾（今西藏南路），北抵洋泾浜（今延安东路东段），南从潮州会馆向西沿城墙至褚家桥关帝庙（即今新开河外滩沿人民路抵寿宁路西藏路口）。1861年，法租界东南界扩展至十六铺北侧。其间，英、法、美等国又利用帮助镇压小刀会、第二次鸦片战争和抵御太平军等事件，逐步攫取了租界

23

内的市政、赋税、警务、司法等权力，形成了"国中之国"的畸形局面。

1873年底，法租界公董局决定穿越四明公所（旅沪宁波乡胞的乡帮组织）所址和墓地，辟筑宁波路（即今淮海东路）。此举自然遭到四明公所反对，公所请改路线，并愿承担有关费用。交涉不成，1874年5月3日激起以宁波籍为主的上海市民的抗议行动。法租界当局出动水兵镇压，公共租界巡捕、商团和美国水兵也来充当帮凶，市民当场死亡6人，受伤20多人（其中1人后来伤重致死），酿成第一次四明公所血案。筑路也就暂时被搁置了起来。

23年后的1897年底，法租界当局再提辟筑宁波路。次年1月函令四明公所6个月内迁走寄柩，5月又宣布征用公所西面土地建造学校和医院。至7月，公所已迁走了大部分寄柩，而法国驻沪总领事白藻泰却于16日亲率法军公然以武力占领公所，强拆围墙，驱赶工作人员，再度激起上海人民的强烈反抗。次日，驻泊浦江的法舰"麦高包禄"号水兵上岸镇压手无寸铁的市民。两天中，市民被杀17人，伤20余人。在第二次四明公所血案的一年多的交涉时间里，法国不仅在筑路问题上寸步不让，还提出再次扩界的蛮横要求，目标为八仙桥以西及浦东、吴淞部分地区。清廷腐败无能，最终同意扩界八仙桥以西。同时，第二次四明公所血案也按法方的条件解决，即宁波路线路不改，四明公所让出部分土地，拆除部分围墙；法方承担补修围墙的经费，遇难市民按每人百两白银给予抚恤。

之后，随着宁波路的辟通，法租界又将道路越过周泾，在刚辟的新区继续延伸出去，这就是今天的淮海中路最早的一段。这一段从周泾至今重庆南路止（即今淮海中路东段），当时名叫"西江路"，而从今重庆南路向西的淮海中路路段，当年叫"宝昌路"。静卧在法租界工程档案中的一幅地图可以为证。另外，一

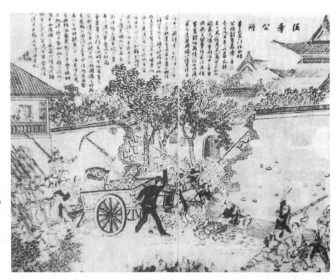

《点石斋画报》
上的《强夺公
所》描绘了第
二次四明公所
事件的情景

份署明1900年8月30日的董事会会议记录，载有批准支付在西江路埋设排水管费用的内容。这是有关淮海中路辟筑和路名的最早文献。

宝昌路是1901年1月30日开始辟筑的，约4公里，并于当年竣工。这样，加上先于宝昌路辟筑完工、长约1公里多的"西江路"，便与今日的淮海中路相差无几了。至于淮海西路，那是1925年法租界当局越界辟筑的，初名乔敦路，30年代改称陆家路。

在辟筑西江路和宝昌路时，法租界当局十分霸道，对赵家宅（今淮海路普安路口北侧）、陆家宅（今淮海路望亭路口）、顾家宅、盛家宅（今淮海路瑞金二路口两侧）、钱家塘（今淮海路茂名路至陕西路一带）等沿线民房冢墓，强拆强毁，不断激起上海市民的反抗。1900年10月，一批居民涌至上海县署，递状要求制止法租界当局的蛮横行径。知县汪懋琨亲至现场调查，并禀上海道余联沅，央请朝廷所委专事调处租界纠纷的二品大员、美国人福开森调停，法租界当局才作了些补偿。

25

宝昌路：最早以租界董事名字命名的道路

租界路名原多以中国地名命名。1898年起，法租界对东西向道路用江河名命名，如西江路、龙江路（今太仓路西段）、汉江路（今兴安路）等；南北向用山名，如佛山路（今望亭路）、孤山路（今普安路）、华山路（今重庆中路）等。1901年辟通的宝昌路，按理应该称西江路，但法租界却取了一个叫勃利纳·宝昌的法国人的姓名作路名。原来，勃利纳·宝昌从1881年起曾先后16次当选公董局董事，其中6次任总董，直到1907年4月辞职。显然，他是法租界里举足轻重的领袖人物。那份完全符合法租界当局意愿解决四明公所血案的协议，就是他以总董身份与上海道余联沅谈判达成的。为了表彰他在上海的殖民事业中所取得的"功绩"，当局用了他的名字作路名，于是宝昌路成了上海第一条用租界董事名字命名的道路。

自此，以人名命名的道路日渐增多，如1902年以法国驻华公使

20世纪20年代的霞飞路西段

20世纪30年代末，自金神父路向东俯视

名命名康悌路（今建国东路），以法国神父名命名薛华立路（今建国中路）。1906年10月10日，公董局取消山川路名，统统改以人名。如孤山路改称维尔蒙路，华山路更名白尔部路，龙江路改为蒲柏路，等等。之后，连西江路路名也取消了，东西两段统称宝昌路，这也是这条道路的第一次易名。

1915年6月21日，公董局改宝昌路为霞飞路，以纪念在第一次世界大战中建立殊勋的法国将军霞飞。1922年3月，已获元帅军衔并已退休的霞飞来沪访问，法租界当局于10日下午还专门补办了霞飞路揭幕仪式。

霞飞路之名用了18年。随着霞飞路成为上海最典雅繁盛的商业街市，这个路名也深深地印刻在上海人的记忆中。

随着路名的更迭，"宝昌"这一名字也渐渐消逝。仅在今淮海路、复兴路、乌鲁木齐路交汇处，建有一个小小的公园，称作宝昌公园，直到20世纪40年代。至于北站附近的那条宝昌路，因是宝山路的支路而与宝源路、宝通路同时得名，取其吉祥之意，与法租界宝昌路是风马牛不相及的。常有将闸北宝昌路的旧照注以"今淮海中路"而载于书刊的，那更是张冠李戴，以讹传讹了。

1943年10月，汪伪政府将霞飞路改名为泰山路。抗战胜利后，国民党上海市政府又将泰山路改为林森中路，同时将宁波路和已改名庐山路的原陆家路，改为林森东路和林森西路，以纪念此前不久逝世的原国民政府主席林森。

1950年5月25日，上海市人民政府公告更为今名，以纪念具有伟大历史意义的淮海战役。

东方巴黎：法租界当局精心营造

无疑，霞飞路是上海最富异国情调的道路。因为从辟筑那天起，法租界当局就有心营造一个东方的巴黎。

早在1900年10月10日，董事会就明文规定：嵩山路以西的建筑，必须是两层以上砖石结构的欧式楼房，与道路保持不少于10步

霞飞路、华亭路口的两座英国乡村别墅式住宅

的距离，其上或辟花园，或植花木，不得以实体墙或篱笆封闭，营建前必须呈送设计图样给公董局，由市政府工程师审核，不合规定一律不予批准。次年，又规划自西江路西南与法华路（今复兴中路）之间的地区，建造具有艺术性的建筑。

于是，大批花园住宅在西江路、宝昌路两侧出现。20世纪二三十年代，由于人口激增和商业发展，中段的部分花园住宅被翻建为里弄或公寓大楼。今天，隐藏在大楼背面的一些玲珑小楼，就是这一变化的幸存者。以典型的西班牙联列式和巴洛克风格而被列为市级文物保护单位的尚贤坊（今淮海中路358弄），就是20年代初建造在尚贤堂大花园上的。

在中西段尚存的花园住宅中，1517号（今日本领事馆）知名度极高。这幢欧洲古典式风格的住宅，建于1900年，自盛宣怀家族购住后，国民政府安徽省主席陈调元、北洋政府总理段祺瑞都曾在此居住过。1131号的尖顶塔楼常令路人驻足，这是上海罕见的挪威风格建筑，此屋曾是清末民初金融世家席氏的产业。走进1897号，又似来到了南欧地中海边；仰视1800号雄伟门楼，更仿佛置身于文艺复兴时代。余如亭亭玉立于华亭路口两侧的英国乡村别墅住宅以及逸村、今美国领事馆、法国领事馆、东湖宾馆等建筑，也都是极有特色的。

沿路第一幢高层建筑是1910年建造的登云大楼，这是一幢法国风格的城堡式建筑。公寓楼大量出现是在20年代以后，最著名的就是1929年建造的华懋公寓（即今锦江饭店北楼），在国际饭店建造前它一直是上海第一高楼。再就是1935年建造的峻岭公寓，这是典型的现代式八字形高层。其他还有1923年建造的培文公寓、1924年建造的武康大楼、1931年建造的淮海大楼、1932年建造的永业大楼等。

这些花园住宅、公寓大楼，与新康花园、上方花园、愉园、中南新村、长乐村以及淮海坊、环龙别墅等花园式、联列式新式里弄住宅，组成了当时上海首屈一指的高级住宅区。

公董局大楼（今淮海中路375号）、亨利路（今新乐路）东正大堂、犹太会堂（今上海音乐学院办公楼）、国泰大戏院、兰心大戏院、法国总会俱乐部（今花园饭店裙楼）等公共建筑，点缀其间，展现了一幅万国建筑风景画。

与上乘的建筑配套的是当时最先进的市政设施。筑路时，诸如排水、供水、供电设施都已同步铺设。1902年，种植行道树，所种悬铃木本产我国云南，却随霞飞路名扬天下，而有了"法国梧桐"之称。1902年12月，架设电话线。1903年5月，规划电车线路布局，五年后，法租界第一条有轨电车线2路已行驶在宝昌路上。1906年，安装煤气路灯。1919年8月，上海第一座红绿灯设于金神父路（今瑞金二路）、圣母院路（今瑞金一路）口，指挥着交通。

是殖民者有心帮助落后的中国发展吗？当然不是，而是这些前来淘金的冒险家，需要一个享受的安乐窝。法租界面积远不及公共租界，30年代中叶，却居住着全市三分之一的外侨，其中97%是欧美侨民，其绝大多数集中在霞飞路地区。

上等住宅区，当然价格不菲。居住此地的除外侨外，主要是中国在位显宦、下野政要，如冯玉祥、李宗仁、何应钦、黄绍竑、王懋功，以及蒋经国、蒋纬国等人，还有就是诸如盛家、荣家、席家、薛家等富商巨贾及社会名流。

东方涅瓦大街：流亡上海的俄侨的经典之作

淮海路何时才有商店，又是何时成为高雅的商业街的呢？

20世纪初，法租界的商业中心还局限在公馆马路（今金陵东路），此外仅在巨籁达路（今金陵中路、金陵西路和巨鹿路）东段才有一些零星商家。直至清末，宝昌路八仙桥段才出现了泰昌洋服号、恒来和记绸布庄、乾泰兴茶号等商号。1911年瑞典商人于贝勒路（今黄陂南路）口开设维昌洋行，1916年嵩山路口出现大东食物号，1918年日商在外国坟山（今淮海公园）东首设立专营皮鞋的高岗洋行。到1919年，霞飞路嵩山路两侧，已有慎昌、新康、广恒、豫昌、万泰、大和等数十家商店，但毕竟局限于东段一隅，难成气候。而为高雅商业街奠基的却是流亡在上海的俄国人。

1917年十月革命以后，大批白俄来到上海，其中不少是沙俄的王公贵族、达官显宦；"九一八"事变后，又有一批白俄从东北南来上海。他们将上海作为第二故乡，在霞飞路开店办实业。1926年至1928年，霞飞路上新设俄侨商店100多家，其中百货店近20家，食品店10家，服装店30家，还有大型糖果店，众多的咖啡馆，余如美容厅、照相馆、花店等，应有尽有。至抗战前夕霞飞路商业街形成之际，整条霞飞路上俄侨商店已达数百家之多，所营多为上等住宅区居民需要的服装、餐饮、服务各业，其中有驰名沪上的信谊、福熙大药店，有经营最时髦款式的欧罗巴皮鞋公司，有规模巨大的西比利亚皮货行、百灵洋行。特别是以咖啡馆为主力的餐饮业，数量之多，环境之雅，设施之舒适，堪称上海之最。其中，特卡琴科兄弟咖啡餐厅为上海最早的花园餐厅，规模居法租界之首，仅一个花园，即可置咖啡桌百余张；文艺复兴咖啡馆则是欧美侨民聚会的沙龙；D·D·S咖啡馆更是中外雅士汇聚之所，中共地下工作者和左翼文化人常在此秘密会晤。此外，还有著名的俄国第一面包房，以及正章洗染店等。对此民国名记者郁慕侠曾惊呼："这岂不成为霞飞路上的俄国化吗！"俄侨还将霞飞路比作彼得堡最热闹的街道，称之为"东方涅瓦大街"，上海人则称其为"罗宋大马路"。

为什么俄侨会如此钟情于霞飞路的开拓呢？原来，对于旧俄的失败，法国怀有深深的歉意，他们认为俄国如若不履行《俄法协定》，就不会卷入第一次世界大战，俄国也就不会爆发十月社会主义革命。所以，十月革命后，法国是反苏最坚决的国家，也是对流亡的白俄照顾最多的国家。上海法租界当局对贫困的俄侨实行了发放救济、免费诊治、优先就业等照顾。

在俄侨的带动下，日商紫罗兰美发厅，法商巴黎首饰店、法大汽车行，德商西门子美容院，希腊商人的老大昌洋行，意商罗威饭店（今红房子西菜馆前身），英商宝德食品店，捷商拔佳皮鞋公司，韩商金文公司、林盛公司等相继开设。善于学习的中国商店自然更多了，特别是"八一三"战火，将万金记（今新光光学仪器商店前身）、龙凤首饰等虹口、华界的许多名店及大量难民逼进了"孤岛"。仅嵩山路以东就一下子冒出了近百家卖旧西服的洋服店。山东人开设的哈尔滨糖果厂，以俄式糖果蛋糕在俄侨社区中成功地站住了脚。对此，作家林微音说过："本来霞飞路是被看做俄罗斯的，现在这个单纯早已给破坏了。"

俄国人不仅开了商店，还带来了西方尤其是俄法两国高雅的文化艺术。他们在兰心大戏院最早演出了芭蕾舞，钢琴大师扎哈罗夫、马克列佐夫等带来了国际一流的管弦交响乐。霞飞路成了一条幽静典雅、生意兴隆的道路，是近代海派商业文化的一枝奇葩。

革命的策源地：孙中山、毛泽东等
在此留下了世纪的面影

在不同的时代，这里都汇聚着一大批当时的精英，他们为民族的解放、国家的发展，奋斗着、努力着。

清末，伟大的革命先行者孙中山，就秘密居住在挚友宋嘉树购置的宝昌路491号（今茂名南路口东南侧，已湮），领导着反清和后来的反袁世凯斗争。直到"二次革命"爆发，袁世凯死党、上海镇守使郑汝成发出密捕令，同情革命的公共租界会审官关炯之派其秘

书长杨润之暗中通知，孙中
山才离沪赴日。宝昌路408号
（今淮海中路650弄3号）更
是他谋划民国开府大计之处，
1912年元旦，他即由此去南
京就任临时大总统一职。

五四运动中的上海"三
罢"（罢工、罢课、罢市）斗
争名闻中外，但鲜有人知晓
这一斗争与霞飞路的关系。
1919年5月5日夜晚，28个团
体在霞飞路220号召开紧急
会议，议决发动召开5月7日
上海国民大会，并成立国民
大会上海事务所，并由这个
机构领导上海五四运动，特
别是6月3日之后的"三罢"
斗争。

今淮海中路567弄渔阳里

1921年7月，中国共产党诞生于离霞飞路不远的望志路（今兴业
路）贝勒路口的一座小楼中，这已是众所周知；但人们对霞飞路上
的新老两条渔阳里在这件开天辟地大事中的作用，了解还不多。1920
年1月，陈独秀入住老渔阳里2号，自此，李达、李汉俊、陈望道等
一批志同道合者，在此探讨、宣传马克思主义。令人耳目一新的《新
青年》编辑于此，全国第一个共产主义小组成立于此，第一个中文
全译本《共产党宣言》出版于此，第一份《中国共产党宣言》诞生
于此。毛泽东风尘仆仆来此磋商建党的理论，第三国际代表来此研
究建党问题。在中共成立的日子里，这里也是一个副会场和秘书处，

"孤岛"时期粮荒，市民在霞飞路巡捕房排队领粮票

诸多文件在此起草，一些重要问题在此讨论，如将会场移至嘉兴南湖的决定即于此作出。之后，这里又是陈独秀、李达、张国焘组成的第一届中央委员会——中央局的所在地。实在地说，这是一处地位与意义仅次于中共一大会址的革命圣地。新渔阳里6号，是上海共产主义小组和中共领导下开展革命活动的又一重要史迹。1920年8月，根据陈独秀的提议，俞秀松等人在此成立上海社会主义青年团；次年，刚成立的中国社会主义青年团总机关部设在此处，以"外国语学社"名义，为中国革命培养了大批干部，其中有刘少奇、罗亦农、任弼时、汪寿华、肖劲光等等。

"八一三"炮火中，一群六七岁到十七八岁的孩子在恩派亚大戏院（后名嵩山电影院，已拆，位置在今龙门路口大上海时代广场处）举起了抗日宣传的旗帜，孩子剧团自此走遍了大半个中国。在日伪的残酷统治下，黄金、巴黎、兰心等戏院依然上演着《大明英烈传》《明末遗恨》等戏剧。霞飞坊64号小楼，最早散发出《鲁迅全集》油墨的清香，激励着人们为国家与民族而浴血奋战。

抗战胜利，曾给商业街注入过生机，但内战的战车很快将各界人民逼上了街头，社会局门前总是人头攒动，有工人、车夫，有教师、学生，就连常受侮辱而麻木的舞女也怒吼了。满街的风雷宣告了旧时代即将过去。

1949年5月26日，人们兴高采烈地欢迎子弟兵。著名科学家竺可桢在5月27日的日记中写道："霞飞路人山人海，如上元、元旦假日状态，电车、公共汽车照常行驶，霞飞路上店门均开，时有学生带锣鼓游行，且见女学生插鲜花于解放军之衣襟上，霞飞路上行人观者如堵。"

然而，在1966年发生的那场浩劫中，淮海路也是首当其冲。汇中大楼被改为"反修大楼"，"天祥"的招牌被付之一炬，老大昌食品店门前被贴上"为什么人服务"的大字报。终于，雨过天晴，迎来了粉碎"四人帮"，迎来了党的十一届三中全会，迎来了改革开放的春天。

十年改造：淮海路焕然一新

在改革春风的沐浴下，淮海路商业街的高雅传统回来了。老字号焕发青春，名特优产品推陈出新，30多家特色商店应运而生，形成了满足不同消费层次需求和富有专营特色的商业结构。

淮海路诚然有过繁华的历史和高雅的气质，但是街区已显露出老化。街道两侧建筑的平均年龄已达七八十岁，东段更有超过百岁的。为了营建现代化国际商业街区，必须彻底改造陈旧的建筑和基础设施。

如果说1990年竣工的富丽华大楼是小试牛刀的话，那么，1992年配合地铁工程的封路改造，则吹响了新淮海战役的进军号。这是一场铺路造街的新战役。

1992年2月4日，淮海路上的三个地铁站同时开挖，同年12月30日，全路贯通。之后的几年，一家家国内外集团公司争相参建，一个个街坊的居民动迁搬走，一座座陈旧建筑铲倒重建，人机繁忙，彻夜通明……

随之而来的是，一幢幢高楼鳞次栉比，一家家商店整修一新。短短的六七年，兰生大厦、柳林大厦、金钟广场、上海广场，以及58层的香港新世纪大厦，组成了淮海中路东段高楼建筑群。在中段和西段，也矗起国际购物中心、新鑫大楼、久事复兴大厦、云海大厦等新高楼，与锦江建筑群等传统保护建筑相映成辉，相得益彰。

栽得梧桐引凤来。美国、加拿大、法国、新加坡等十数家著名跨国公司在淮海路落户，香港十大财团来了6家。太平洋百货、时代公司、华亭·伊势丹、二百永新、上海巴黎春天等一批新开的大商家，与妇女用品商店、老大昌、正章洗染、全国土产等老字号，都以富丽、明敞、优雅的购物环境，迎接着人们。

淮海路百年来的风风雨雨曲曲折折，诉说不尽。唯有那株忠实伫立在乌鲁木齐路口的百年香樟，阅尽沧桑，正轻轻挥动着树叶茂密的臂膀，仿佛在向人们说："明天将更好。"

城市
之光

上海老城厢走马观花记

张　剑　吴健熙　摘译

与租界里熙熙攘攘的人群、直冲云霄的高楼大厦和人力车、马车拥挤不堪的街道相对应，还有另一个上海，那就是老城厢，它是连接东方古老和西方摩登的纽带。在这里，马车根本不见踪影，人力车也很少，而房屋几乎都是两层，有将近30万人栖息其间。虽然与法租界仅一步之遥，但外国人不能控制这个地区，其生活与租界有天壤之别。

除靠近黄浦江边有宽阔的护城河外，老城厢被高约30英尺的城墙所围。城墙约有10英尺厚，共有7个供人进出的城门。这些城门中最大、最雄伟、也是最重要的是大南门，但是昔日的辉煌随着租界在其对面崛起而一去不复返了。现在老城厢最繁忙的出入口是北门，位于法租界主干大道天主堂街（今四川南路）的尽头。造访老城厢者一般通过这个门出入，由于它比较狭小，有时挤得水泄不通。

通过城门后（城门每晚10点关闭），造访者便进入了一个宽仅约12英尺的狭窄街道，铺着红色花岗岩石板，踏上去有咚咚的回声。一条小河穿过并环绕整个城厢，水因潮涨而高，潮落而低，充塞着各种垃圾。

与大多数欧洲城镇一样，房屋的底层是商店，但是没有大的玻

37

璃橱窗将商品更好地展示出来。实际上，橱窗是不必要的，因为商品全部开架，在街上就可以完全看清所卖的东西。街道被屋檐遮盖得严严实实，偶尔透射进来的些许光亮也被巨大的招牌遮挡住了，每个商店前面都挂有招牌，就像那些过时的小旅馆一样。道路本来已经够拥挤了，路人行走之难又因挑夫和轿夫而雪上加霜。他们什么都挑、什么都抬，竹扁担挑的可能是水桶，是竹篮，有时甚至是轿子，里面坐着肥胖的男人或打扮得花枝招展的女人，他们有可能将道路全部堵塞。

从街道第一个路口右转，马上会看到一条宽一点的街道。此街之宽，是因为有一条大点的小河在路中间流淌。这条溪沟起着洗涤和丢弃废物的双重作用，一头被屠宰的猪堂而皇之地摆在屠户的门前，猪血下水顺着小河缓缓流走。

跨过一座桥，再迈过另一条街道，声名遐迩的茶园出现在眼前。这里有一个相当宽阔的广场，杂技演员和魔术师们可以在这里展示他们的才华，毫无疑问，乞丐们也必定夹杂其间。广场上有一个小湖，湖中不远处似乎覆盖了一层绿色的稀泥，但近观原来仅仅是些杂草。湖中央有一座茶馆（即今湖心亭茶馆），进去需走一座之字形桥，它蜿蜒曲折，覆盖了湖区的绝大部分。这座桥有花岗岩的桥墩、花岗岩石板铺成的走道、木质的栏杆，连茶馆的底座也是花岗岩的，虽然房子本身是八角形的两层木结构。

离湖不远就是官吏们的花园（即豫园），只对官员开放，当然只要给看门人一些贿赂，外国人也是可以进去的。花园是老城厢最有名的去处，它表明中国人的艺术修养，因为它所体现的美感，不是肤浅的知识所能表达的。首先映入眼帘的亭子，从其本身看是足够精美的，但并不能引起特别注意，因为花园实在是一个艺术的造物。从亭子看过去，好像是一片石林，其间棕榈树、柳树、蕨类植物和青草像喷泉一样涌出。乱石嶙峋的石林，像地震时被掀起似的，最

旧上海城隍庙

高处是一个小巧玲珑的原木亭子。入花园深处，一个水池陡然显现，栏杆是石灰岩石做成的。进一步探幽觅趣，会发现精巧的隐藏小道，有的是此路不通，有的则环来绕去，像个迷宫。突然，石林中的一个原木楼梯出现了，随着它不断向上盘旋，终点居然是那个可望而不可即的原木亭子，在这里可以俯瞰整座都市，包括租界。

花园里有一两条小路可通到城隍庙，庙里有各种各样的神或者被中国人称作菩萨的塑像，可以看到求神拜佛的人在他们特别感兴趣的神像前磕头。参观者穿梭于各个房间，可以自由吸烟，没有禁令，这是中国人对他们的神像没有特殊敬意的证据。虽然有各式各样、大小不一的菩萨，但他们最看重的是城隍——一个形象高大、面目较丑的偶像，端坐在镀金的宝座上。在同一房间有两艘破旧的战船，据说属于城隍，但是如果船员们的才能与城隍相称，他们需要的应该仅仅是船长。只要花上一小笔香火钱，和尚（应为道士）们就可以为你焚烧足够数量的纸钱。纸钱是用金色或银色的纸折叠成鞋状的银锭。

知县衙门离城隍庙不远，但道路十分曲折，且颇显龌龊。县衙大门内有一大庭院，尽头是公廨，知县在此断案。公廨像一个戏台，而庭院像观众席。知县坐在一突出的高台上，屋顶有龙的图案，在他背后的墙上也绘有神祇，面前是片开阔地。庭院的边上是县官的

城市
之光

39

公事房、警卫室和监狱。入口处有一个大的囚笼，从外部的每个角度都可以看到里面监禁的犯人。每年的1月至10月，共有3次可以看到一些被判处死刑的倒霉蛋装在狭小的木囚笼里，囚笼上面是块木板，木板上有个洞，脑袋从这里钻出来，迫使犯人不得不踮着脚站着，不然的话就会被勒死。执法场在南门附近，离衙门约一英里。所有的死刑要经总督批准。许多囚犯关押的地方并不比马厩好，所以这些倒霉的人们在那里的日子是悲惨的。只要付得起钱，犯人们可以得到他想要的任何东西。

东门附近是道台衙门，是城墙内最好的住宅，还作了颇具艺术情调的布置，有人造假山、密集的小树丛和池塘。在道台很少驻足的私人宅院附近，有座豪华的皇帝行宫。

上海是中国最富庶的城市之一，许多商店堆满了价值连城的丝绸和珠宝，在这方面只有广东才能与之媲美，虽然在遭受八国联军劫掠之前，天津曾被公认是中国最富有的城市。上海以前仅是座三流城市，该地区的中心在苏州。近年来，沿黄浦江一侧的上海老城厢的发展突破了城墙的藩篱，该地以华界外滩著称。（华界）市政当局曾计划将自来水引入城墙内，并与造船厂签订合同，铺设水管和建造水塔。水塔已经竣工，但铺设水管因资金缺乏而停工，结果是那些粗大的水管被搁置在狭窄的街道上，将老城厢的主要通道都阻塞了。幸运的是，原由造船厂承建的工程已交由另一家公司续建，竣工之后，将极大地改善老城厢的卫生状况。

（摘译自 Shanghai by Night and Day《上海昼夜》，作者佚名，
1914年英文文汇报社出版）

城市之光

寻访四马路上的文化史迹

姚克明

漫步在福州路上，我总有这样的感觉：上海没有哪一条马路能够比得上它的文化积淀和文化传承价值。

两种文化同处一路

福州路百多年前俗称四马路。在旧时的公共租界中，有五条同外滩方向垂直的马路，由北向南，依次为南京路、九江路、汉口路、福州路、广东路。南京路俗称大马路，福州路就成了四马路。四马路兴市很早，19世纪八九十年代已经陆续出现了许多的酒肆、茶楼、戏馆、书场、绸缎庄、成衣铺，其繁华景象并不亚于南京路。到20世纪初，短短的四马路上仅茶楼就有青莲阁、大观楼、升平楼等十多家，餐馆有一家春、万家春、杏花楼等二三十家，书场有风来厅、天乐高、小广寒、留春园等。饮食男女，在此优哉游哉，娼优的脂粉气便渐渐聚拢并浓烈起来，当时妓院竟达上百家之多。不过，再细细分辨，人们会发现所谓的"野鸡窝"，主要集中在四马路的西段，也就是从福建中路往西到云南中路附近。如若往东，主要在棋盘街（1865年更名河南路，今河南中路）、望平街（今山东中路）、山西路附近，大约200多米的路段上，则充满了另一番文化色彩。不妨也开

20世纪30年代的四马路街景

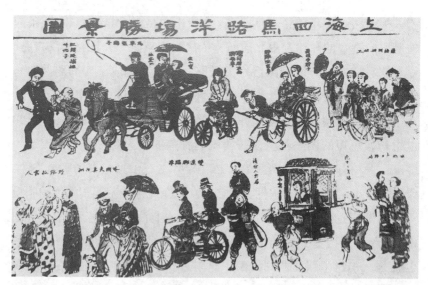

四马路洋场胜景图

出一串名单来：这儿有《申报》《新闻报》《时报》《民立报》《图画报》《神州日报》《时事新报》等报馆，还有商务印书馆、中华书局、开明书店、大东书店、世界书局等70多家书局。这种正儿八经的文化现象，居然同下三滥的社会现象共存于一条短短的马路上，甚至互有交叉渗透，这在今天看来简直是匪夷所思；但细细琢磨，当初倒是并行不悖。

读书人喜爱聚集的地方

当年像四马路这样充满中国传统特色氛围的消费休闲场所，比较对得上清末民初读书人的脾胃。从一些旧照片中可以清楚地看到，四马路的街道布局、建筑风貌，仍属中国的"老派"；相对不远处的"洋派"大马路，可以说是"土派"。有人认为四马路是"租界里的华界"，是很有道理的。当年的大多数知识分子，尽管已经有人开始接受西方的生活方式，但骨子里浸淫的还是"儒教文化"；特别是生

中华书局

43

活在江南一带的知识分子，骨子里习惯的还是传统的生活环境。他们办事、聊天、聚会，喜欢到四马路，而不是去大马路。更加重要的是，他们口袋里的钞票或者说资产，并不丰厚。四马路棋盘街、望平街、山西路一带的小马路房价远远要比大马路、外滩等黄金地段低廉，找个几开间门面办个书店、报馆，自然容易些。地段适中，交通方便，消息也灵通。19世纪末，康有为、梁启超等到上海鼓吹改良运动时，就曾在四马路上搞"强学会"，他们所办的《时务报》，吸引过不少江浙沪一带的知识分子，影响很大。

四大"谴责小说"的发祥地

细细品味，人们不难发现，四马路应当是清末的"谴责小说"和民国初期的"鸳鸯蝴蝶派"这两大小说流派的发祥地。这些小说的作者大多生活或工作在四马路一带的报馆里，而这些小说所描写的生活场景大多取自于四马路，小说又多是在四马路的报馆、书局的书报杂志上发表和出版的。譬如《官场现形记》的作者李伯元，原是江苏武进人，少年时代没中科举，就到上海办报，编过《指南报》、《游戏报》、《上海世界繁华报》、商务印书馆的《绣像小说》等。他虽然只活了40岁，但后半生基本上生活在四马路一带。《官场现形记》1903年时先是在《上海世界繁华报》上连载，现在人民文学出版社出版的《官场现形记》，就是以《上

商务印书馆

44

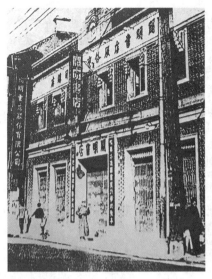

开明书店

申报馆

新闻报馆

时报馆新楼

海世界繁华报》上的连载为底本。《孽海花》的作者曾朴，原是江苏常熟人，后来到上海四马路办《小说林》杂志，还开设了真善美书店。这部描写四马路一带官商、士绅、娼优生活的小说，就是由真善美书店发行的。《二十年目睹之怪现状》的作者吴趼人，原是广东南海人，17岁时即寓居上海，在四马路一带编过《采风报》《奇新报》《学林沪报》《月月小说》。这部小说1903至1905年连载于《新小说》，由开设在四马路棋盘街的广智书局发行。《老残游记》的作者刘鹗，江苏丹徒人，晚年虽然生活在北方，客死新疆，但这部小说也是在1903年首发于四马路上的商务印书馆办的《绣像小说》半月刊上。

“鸳鸯蝴蝶派”的大本营

至于“鸳鸯蝴蝶派”的崛起，简直是以四马路作为大本营的。这支小说流派起源于清末民初，五四运动前后20年间，是它的全盛时期，直至30年代新文学运动兴起后，它才逐渐衰落。它的早期主要作家包天笑、周瘦鹃、王钝根、孙玉声、徐枕亚、李涵秋、向逵（平江不肖生）等，几乎都在四马路一带的报馆、书局中当编辑。它的代表性刊物《礼拜六》周刊，编辑者就是《申报》副刊编辑周瘦鹃、王钝根。《礼拜六》从1914年6月6日起，共出版了200期，由《申报》发行。此外，“鸳鸯蝴蝶派”一些影响甚大的代表作，也是在四马路上出版发行的。例如，至今仍在流传的张恨水的《啼笑因缘》，最早是在严独鹤编辑的《新闻报》副刊上连载的。“鸳鸯蝴蝶派”的早期代表作《海上繁华梦》一度轰动上海滩，成为当时最畅销的书，其作者孙玉声在《新闻报》担任主笔长达12年。平江不肖生的《江湖奇侠传》，最初是由世界书局出版的，30年代初由明星影片公司改编拍摄成影片《火烧红莲寺》，观者如潮。如今要作一番确切的统计也难了，在长达40年的时间里，传播"鸳鸯蝴蝶派"作品的大小报纸不少于五六十种，刊物一百多种，绝大多数都集中在四马路周围。由此可见，当年四马路上的文学声势几乎控制了中国的文坛。当然，自"五四"运动至全国解放后，文坛上对"鸳鸯蝴蝶派"争议很多，以贬斥为主。但我以为，这支小说流派在短篇小说体裁的发展上，对中国传统模式是有所促进和改造的，给中国小说的发展带来了新鲜气息。由此我还想起了《海上花列传》这部小说，它破天荒地用吴语白话写作，被胡适誉为吴语文学的第一部杰作，后来的《九尾龟》《何典》等一大批吴语小说跟着出现，流风所及，影响到三四十年代的上海作家以至如今。这部小说，我虽未见有文学史家把它列入"谴责小说"和"鸳鸯蝴蝶派"，但它出版石印本的年代是1894年，它描写的内容是四马路棋盘街一带的青楼生活，它的作者韩邦庆是四马路望平街申报馆的编辑，所以，我认为它也是四马路的文学产儿，值得一提。

新文学运动的最大书市

四马路的文学潮流推进到了二三十年代以后，则渐渐融入了新文学的色彩。譬如30年代初黎烈文接办了《申报》"自由谈"副刊后，一大批新文学运动健将，如叶圣陶、老舍、施蛰存、胡风、沈从文、郑振铎、王任叔、许杰、谢冰莹等成了它的常客。鲁迅、茅盾则是在"自由谈"上发表杂文最多的作家。1933年至1934年的11个月内，鲁迅出手的文章多达140多篇，可以说，鲁迅后期的"投枪、匕首"大都亮出于此。商务印书馆发行的《小说月报》，1921年由茅盾、叶圣陶、郑振铎接办后，革除了"鸳鸯蝴蝶派"的版面，大量发表"文学为人生"的"文学研究会"作品，成为中国现代文学史上的一大亮点。还有大量的外国进步文学作品和世界名著，也被翻

城市之光

译过来，放上了四马路的书架。譬如说，开明书店发行了夏衍翻译的高尔基的《母亲》，世界书局约请朱生豪翻译莎士比亚戏剧全集，等等。现在已无法统计当年四马路一带究竟有多少书市，发行了多少图书报刊，但我可以描绘一下这个书市盛况的地图，令人惊叹不已。据一位世纪老人回忆，20世纪20年代至40年代，河南中路福州路口南北相对耸立着当时上海最大的两家出版发行机构——商务印书馆发行所和中华书局。朝西至望平街（今山东中路）一段，西南有传薪书店、开明书店、现代书店、新月书店，面北的是光华书店。开明书店3开间门面，书架上有巴金的《家》、茅盾的《子夜》、叶圣陶的《倪焕之》等。现代书店发行过一本《现代》杂志，由施蛰存主编，作者多系现代著名作家。光华书店专销进步的作品，有丁玲、蒋光赤、郭沫若、胡也频等人的著作，一度被查封。朝西至山东路左拐，有新华书局，主要发行武侠小说。朝北则有有正书局，专销古籍，如《石头记》之类。有正书局斜对面的望平街上有中亚书局。望平街再往西大约六七十米的四马路上，也就是如今的外文书店周围，书店最集中，有大东书局、世界书局、上海杂志公司、中央书店、广益书店、大众书店、卿云图书公司、华通书店、美的书店、真善美书店。其中世界书局最为壮观，门面红色油漆，主营畅销书和古籍。上海杂志公司销售数十种刊物、画报，有陈望道编的《太白》以及《良友》等，也有施蛰存主编的《中国文学珍本丛书》50余种。中央书店开在一条弄堂里，老板平襟亚乃"鸳鸯蝴蝶派"作家，即现今台湾女作家琼瑶的公公。真善美书店是《孽海花》的作者曾朴父子所开。曾朴还译过雨果的《九三年》。再往西，靠近如今的福建中路，面南的有泰东书局、校经山房、百新书店、群学书社，面北的是北新书局。泰东书局因聘过郭沫若、郁达夫当编辑，所以发行创造社的刊物，以及郭译《茵莱湖》、郁著《沉沦》《鸳梦集》等。北新书局的最大特色就是专销新文艺作品，举凡30年代名家无所不有。其中书籍发行最多的是鲁迅，其次是郁达夫。陶元庆装帧设计封面的《彷徨》《呐喊》，就是在此上了书架……书市联翩，目不暇接，真可谓叹为观止了。

岁月如流，四马路的文学时代虽然过去了，痕迹犹在。这就是今天的福州路逐渐演进为文化街的原因。世界书局的原址，变成了外文书店；商务印书馆发行所及中华书局变成了中国科技图书公司；申报馆、新闻报馆都变成了解放日报集团的一部分。新耸立的上海书城大厦大概可以说是置换许许多多的中小书店了吧，而那些中小书店的门内便成了各类文教用品商店。历史不可能拷贝，文学更忌讳仿造。新生的更换陈旧的，健康的取代腐朽的，文化便是如此前进。我在本文开始时提到的四马路下三滥文化现象，则早已被冲刷干净了。

城市
之光

"八仙桥"的来历与变迁

许洪新

如今的上海是越来越现代化了，拔地而起的摩天大楼触目皆是，富丽堂皇的宾馆商场随处可见，宽达六七十米乃至80米以上的大马路，车流不息，却时而还会拥堵。只有在某些城区，于不经意之中还会听到充满乡土气息的地名，冲击一下人们对传统上海的记忆，也让年轻人与新上海人产生疑惑和好奇。在这类地名中，八仙桥就是其中之一。

闹市腹地

八仙桥是一个区片，通常是指今金陵中路西藏路口为中心的环周百来米。大致是：东起云南南路，西至普安路，南自桃源路，北抵宁海东路及其向广场公园的延伸线，即原宁海西路。

站在兰生大厦顶层转盘餐厅上，俯视脚下，正东是延向黄浦江边金陵东路的骑楼式长廊，具有法国公共建筑特征的光明中学楼和有着浓重传统建筑元素的上海基督教青年会大楼，分踞南北；南边是柳林大厦，西南是体量极大的大上海时代广场；西侧金钟广场、上海广场、淮海商厦顺次而立；北面是广场公园，再远是延安路高架，座落在绿色地毯中的高雅艺术殿堂上海音乐厅，绿地毯下重重裹藏

从大世界塔顶看八仙桥地区
（1929年）

着地铁8号线车站。楼宇间所夹的西藏南路、淮海中路，都是沪上最热闹的道路。所以，这里绝对是大上海的闹市。从位置而言，更是大上海闹市的一块腹地。这块腹地，曾分属黄浦、卢湾两区，经2011年的撤二建一，于今全属新黄浦区。

地名由来

"八仙桥"的地名源于200多年前的一座八仙桥桥名。

八仙桥桥名初见于清嘉庆《上海县志》，其卷二《水道》之"西洋泾浜"条，曰"西洋泾浜，在方浜北。浦水入八仙桥、三茅阁前西流，北通寺浜、宋家浜，西通北长浜，西南通周泾"。仅据这段文字，颇难判定桥的位置，只能说桥跨西洋泾浜，即洋泾浜，也就是今

51

延安东路。再据同治《上海县志》卷三《水道》,"西洋泾浜,在方浜北。东引浦水入八仙桥西流,北通寺浜,西通长浜,南通周泾"。而"南长浜"条又曰:"南长浜亦从周泾分流,西至王家浜,北通东芦浦;一支西过八仙桥,通西芦浦"。其址当在洋泾浜、周泾(今西藏南路)、(北)长浜相汇处,即今延安东路、西藏中路、西藏南路交会处。大约桥下的河水向东南西北四方流去,呈现了两对"八"字形,遂名,类同别处的"八字桥"之名。

鉴于嘉庆《上海县志》刊刻于嘉庆十九年(1814年),而之前一部乾隆四十九年(1784年)《上海县志》中未见八仙桥名,似可认为其名的出现当在乾隆后期至嘉庆间。

一条道路的命名令八仙桥声名大噪

150多年前一条道路的命名,却令八仙桥声名大噪。

同治四年(1865年),上海法租界将一条新辟的道路命名为八里桥路,即今云南南路。但这儿并没有八里桥,距上海城西北水关顶多二三里,不似斜桥西南的三里桥、五里桥确因距城西南水关三里五里而得名。八里桥路,乃是法租界当局为纪念四年前第二次鸦片战争中的八里桥之役而命名。

八里桥,本是北京东郊通州城西八里处跨通惠河的一座桥梁,是东入北京的要孔,也是拱卫北京东大门的咽喉。八里桥之役是英法联军攻入北京的最后一战。咸丰十年八月初八日(1860年9月21日),在张家湾一战获胜后的英法联军五千人,从郭家坟出发,分三路进攻八里桥。三万清军由蒙古郡王、参赞大臣兼领钦差大臣僧格林沁,户部尚书、文渊阁大学士、内大臣瑞麟,副都统胜保,分率抵御。当时,僧格林沁率科尔沁精骑扎营桥西南六七里处的元狐庄,胜保部驻防桥南,瑞麟屯守桥头,三处互为犄角,形成扼守屏障。战斗一开始，清军勇猛冲杀，令英法联军无法得逞。后来，英军从于家堡方向迂回包抄僧部，并用大炮猛轰，令蒙古铁骑损失惨重，率先溃败；胜保左颊、右腿中弹落马，其部亦退。于是，瑞麟孤军难支，被迫西撤。

是役，英法联军打开了入京的大门。之后，除瑞麟整顿残部于安定门稍有抵抗外，已无战事。八里桥败绩传至宫中，咸丰帝匆匆带了后妃连夜往热河"北狩"去了。留下皇弟老六恭亲王奕䜣，与英法周旋议和。

八里桥战讯传到上海，充满殖民意识的租界英法侨民欣喜若狂。这就是八里桥命名的背景与由来。

面对侵略者的纪念性命名，上海人民的民族情感急剧升温，按照地名中常常出现的近音转换现象，纷纷将该路以近处的八仙桥为名，唤作"八仙桥街"。2006年，笔者以"史欣"的笔名为《上海地名》写过一篇有关八仙桥历史的文章，文中有一句"侬叫侬格八里桥，我叫我格八仙桥，偏不卖侬账"，意即反映上海人民当时的心态。于是，法租界印制的地图上标着"八里桥路"，中国人绘制的地图上却标作"八仙桥街"，也算是一路两名、各人各表吧。

历史令八仙桥之名蕴含了上海人民维护民族尊严的炽烈情结。

六座八仙桥

光绪二年（1876年），一位名叫葛元煦的杭州人写了本《沪游杂记》。咸丰十一年（1861年）前后，为避太平军兵灾，他来到上海。这本《沪游杂记》，便是他将寓居租界15年的见闻，仿《都门纪略》所写的。是书卷首有他手绘的三幅地图，在《法租界图》中，不仅标有"八仙桥街"，还标有环周四座八仙桥的具体位置，即今大世界门口，跨洋泾浜的"老八仙桥"；今云南南路、云南中路间，跨洋泾

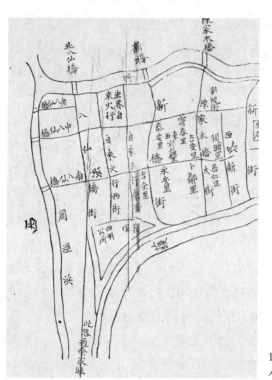

1876年的地图上显示的几座
八仙桥的位置

浜，连接英美租界与法租界的"北八仙桥"；今宁海东路与原宁海西路、即今上海音乐厅东侧广场公园间，跨周泾的"中八仙桥"；今金陵东路与金陵中路间，跨周泾的"南八仙桥"。

此外，在20世纪80年代编纂地名志时，还调查获悉在原龙门路邮局（今金钟广场西北侧）与原八仙桥菜场（今公交龙门路站及广场公园）处，有跨北长浜支流的"石八仙桥"，在原嵩山电影院门前，有"木八仙桥"。

地域变迁

一路六桥的布局，大致勾画了八仙桥区片当时的范围，显然比

54

后来所指的要大得多。区片地名不同于行政区划,本无固定的界线,只是约定俗成,予人以某地理实体"附近"的概念而已。海上闻人杜月笙的寓所,位于今望亭路西、嵩山路东的华格臬路216号,但其所印名片上却前冠"上海八仙桥"。八仙桥公墓西至嵩山路,南抵吴淞江路(今太仓路东段)。所以,起初的八仙桥区片,应当从今云南南路、广西南路间而至嵩山路,从洋泾浜、北长浜而至北褚家桥(即今桃源路处)、吴淞江路。只是1917年大世界建成,随着大世界知名度急剧上升,原八仙桥北片被新的区片地名"大世界"所替代,南片又因褚家桥杀牛公司的出名亦北移,八仙桥区片才衍为前文所指的通常范围。

八仙桥命名知多少

"八仙桥"由桥名而路名,继为区片名,商店、车站、菜场及公墓等机构,各类地理实体纷纷以"八仙""八仙桥"名之。

分别于同治七年(1868年)、十年(1871年)建成使用的英美租界和法租界公墓,后来的正式名称叫"八仙桥公墓"。另一个较早命名的是"八仙桥街",不过,这条八仙桥街不是葛元煦地图里那条实为八里桥路的"八仙桥街",而是今桃源路东段,是路筑于光绪十五年(1889年)。这是两个最早以八仙桥冠名的地理实体,公墓与道路的命名,意味法租界当局官方也认可"八仙桥"之名。光绪三十四年起,法商电灯电车公司所辟1、2、4、5、7、10等各路电车,都设有"八仙桥站"。之后,又有了沪上妇孺皆知的八仙桥菜场,这是法租界最有名的室内菜场。1927年1月,中国银行在麦高包禄路107—117号(后为龙门路130—136号)设有八仙桥办事处。余如恒茂里1号(曾为西藏南路58弄1号)的八仙旅社和八仙桥菜场西北侧弧形小路孟神父路(后名永善路,今广场公园中)10号的八仙理发所,都是20世

城市
之光

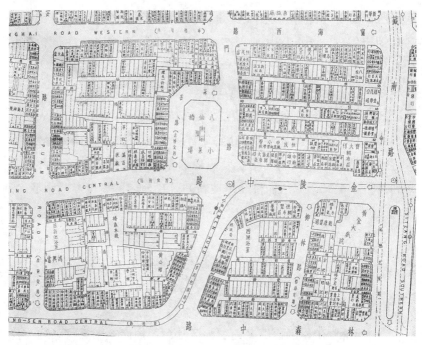

1948年，八仙桥地区西块行号图

旧时的保姆介绍所

纪30年代创设的。店址已湮入今广场公园的至少尚有：原永善路34号八仙照相馆、宁海西路100弄西侧的八仙桥医疗器械修理部、宁海西路龙门路口的八仙饮食店、金陵中路86号八仙桥纺织品鞋面商店。此外，尚有位于柳林路口淮海中路44号的八仙酒楼（位于今金钟广场东南角）、龙门路口淮海中路75号八仙果品店（今大上海时代广场北侧）、龙门路110—142号八仙桥日夜商店（今上海广场东侧）等。

其中纺织品鞋面商店和日夜商店，相当著名。前者店面不大，但供应各色零头布，不仅价廉，而且布票打折收取，这在物资匮缺、计划供应的时代是很受欢迎的。日夜商店是20世纪70年代初创办的，那是1968年9月西藏中路新闸路口办了一家星火日夜商店，周恩来总理知道后高兴地说"星火好，星火要燎原"，于是在"商业学星火"热潮中办了这家商店。八仙桥是交通要冲，半夜往来者众多，这家店确实方便了群众。

至于以八仙桥习呼的那就更多了，且正规名称往往因此不彰。如八仙桥邮局、八仙桥铁路售票处，其正式名称龙门路邮局、西藏南路铁路售票处，反令人陌生。再如八仙桥捕房，正规名称是西区捕房（霞飞捕房前身），但在《申报》和《沪游杂记》中，多以"八仙桥"习称。

八仙桥面貌变迁

八仙桥位于上海城厢西北。南北贯流的周泾，将区片分成东西两块，通过周泾，经洋泾浜、泥城浜、北长浜，可东通黄浦，南连肇嘉浜，北达吴淞江，西接东芦浦、涌泉浜。由城厢往法华镇、静安寺的两条大路也经过这里，水陆交通便捷，是上海西乡菜农柴贩出入城厢的要孔。

开埠之前，有几座村落散落在周泾之西。今上海广场、淮海商厦处是赵家宅、今上海音乐厅西侧是陆家宅，所建陆家观音堂很著名，再西至普安路延长线处为东杜家宅，桃源路、西藏路西南为褚家桥。明清以降，城内移民日众，区片南半部周泾两侧多为四明公所坟地，北半部周泾之西是潮州会馆坟地。

道光二十九年（1849年），东块先被划入新辟的法租界，率先开始城市化。光绪三年（1877年）7月设西区捕房，位于今光明中学处，1912年1月迁至宝昌路（今淮海中路）。光绪十九年法国驻沪领事馆楼翻修时，原设楼内的法租界会审公堂和监狱都暂迁于西区捕房内。19世纪60年代中公馆马路（今金陵东路）筑桥延伸后，西块也开始受到影响。1900年，西块也被扩入法租界，同年就辟建了西江路，即今淮海中路东段，在此前后旧式里弄住宅大批兴建。仅据1909年《上海指南》记载，在今兰生大厦处有吉祥里、芝和里、鼎新里，金钟广场处有慈荫里，上海广场处有长兴里、长福里、荣昌里、鼎吉里，大上海时代广场处有文庆里、平安里、树德里、鼎康里，上海音乐厅东有太平里、首安里，音乐厅西有敦厚里，等等。其中如敦厚里建于1895年，首安里也建于19世纪末。

清末民初，周泾、洋泾浜、北长浜几乎同时填没，辟筑了今西

1908年4月，法租界填没周泾，筑敏体尼荫路（今西藏南路）

藏南路、延安东路。东块城区自民国初起更开始了新一轮的改造，1912年中法学堂（今光明中学）楼、1917年大世界、1931年上海基督教青年会大楼都相继建成。西块虽于该期也建有恩派亚、黄金两座戏院，住宅也成片翻新为石库门建筑，但总的变化不大，从而使东西两块呈现出颇为不同的文化风貌。

20世纪90年代中叶，淮海中路东段城区实施改造，西块面貌发生巨变，高层商务楼、商住两用楼鳞次栉比，令原先巍峨高大的光明中学楼和上海基督教青年会楼相形见绌。在新建楼宇中柳林大楼最值得一提，这是为柳林路小商品市场专门建造的。柳林路小商品市场是上海改革开放中最早组建的市场，1980年10月19日开张，当时有80个摊位，至1985年已成为拥有422个摊位的羊毛衫服装专业市场，生意遍及除西藏外的各省区，1993年营业额达7 358万元，居

2001年，八仙桥地区建起了兰生大厦与金钟广场

全市各小市场之首。日本、美国、加拿大、印度记者纷纷前来专访，一时成为国际社会观察中国改革开放的窗口。1996年，马路市场进驻柳林大楼，直到2000年他迁，存在了21年。

华洋分明　百业杂陈

至20世纪30年代，八仙桥地区可谓华洋分明，百业杂陈。

东块于中西合璧中呈现较多的西方因子，从中法学堂的教学，到公馆马路上的活动，都透发着法国文化氛围，上海基督教青年会传播着美国基督教文化。而西块，更多的却是中国的，或许是夹处于公馆马路为代表的老法租界区和霞飞路中段俄法雅文化为代表的法租界新区之间的缘故，使其中国特征尤为明显。

当时，八仙桥地区人口密集，商业繁荣。20年代，这里的人口密度已居法租界各警区的第三位。居民中除中法学堂、上海基督教青年会中有些西侨，此外几无外侨。商业之繁盛，可以金融业反映，自1927年起，中国、浙江建业、金城、上海商业储蓄、国华、聚兴诚、中国垦业等七八家银行于此设有办事处，尚不算大世界旁的日夜银行。上海棉布零售业三驾马车，宝大祥总号、协大祥西号都于1937年10、11月间迁设今金陵中路上，信大祥也距之不远，在今宁海东路北侧；鹤鸣鞋帽、京都达仁堂、汪裕泰茶庄等名店于此落户；后来极负盛名的锦江川菜馆1935年于华格臬路31号开张，为竞抢因锦江满座而退出的食客，锦江环周一下子出现了11家高档餐馆，川、扬、闽、绍、本各帮俱全，使华格臬路东段成了地道的美食街。整个区片商号密度之高，甚至挤满了弄堂，如金陵东路德顺里，弄内共20幢两层建筑，仅1—17号就设了14家商号，令人叹为观止。

整体观之，八仙桥呈现了旧西服店多、小旅馆多、中医诊所多的特点。

旧时上海只要不是体力劳动者，都要穿西服混世界，起码也得穿长衫，此即俗语："洋装瘪三，自家烧饭"。仅以今上海广场南侧，即今龙门路至普安路的霞飞路和后来的林森中路路段上26个门面，就先后开设过郑顺昌、万国、兴康祥、星星、孙德记、锦昌、顺泰、公兴、天祥、昌生、张华兴、德成、裕祥、立昌、振兴、华成、万利、青华等十数家旧西服店。再如小旅馆，仅恒茂里内，就有八仙、世界、元旦、美美、源源，还有一家名为世界大旅馆；今兰生大厦和柳林大厦处，也集中了万隆、德兴、永安、新记、民乐、中央、福兴、招商、涌兴、通商、万华、聚兴等十数家旅馆。中医诊所几遍布各街坊弄内，仅以八仙坊及与之相通的天惠坊、尚义坊和福德里三条小弄，就有李文杰、王斐珍、吴华泰、徐炳麟、韩侪人、陆瘦燕、金培英、杨永璇、陈天一、张治髡、张伯臾等开设诊所。还设有协昌升、云昇等药局。其中陆瘦燕、杨永璇、张伯臾以及悬壶于不远处荫余里的汪成孚，都是誉满沪上的名医。

这里命相馆与妓院亦多，仅今淮海路柳林路口的两侧，就有张銮堂、夏天运、周聚兴、吴光耀、王春富、宋永全等命馆。妓院则遍布于今柳林路与桃源路的两侧。此外，这里还有别处很少见到的荐头店与赍器店，荐头店就是女佣介绍所，赍器店出售丧葬用品。其中卖棺材只开单，提货则在别处，为的是逃避法租界的重税。

这里又是三教九流云集之处，天主教活动集中于中法学堂，青年会本是基督教团体，伊斯兰教于回民公墓中有清真寺（即小坟山等），佛教中最大的是国恩寺，位于普安路175号处。1881年普陀山紫竹林僧智参将原桂香庵扩建为福莲禅院，1899年向朝廷请赐了一部《龙藏》，遂更额"国恩寺"并成为海上十大名刹之一。道观有关岳庙等，此外还有设于德顺里9号的理教三一堂、维尔蒙路187—189号的"上方山三老爷庙"等杂教场所。

凡此种种，无不反映出这里是一个夹在洋场中的地道的华人市

城市
之光

61

民社区，这就是昔时的八仙桥。

八仙桥地名亟待保护

面对一幢幢的现代化楼宇和满眼新绿的广场公园，抚今思昔，不禁大有沧海桑田之慨。感慨之余，我想到了八仙桥之名。地名是地理坐标，更是一种社会记忆。一旦脱离地理实体，即丧失了社会应用功能，旋即从社会记忆中由淡化而逐渐消亡。八仙桥名在填河拆除后，能够经久传承，全仗一直在使用。如今，却因城区大改造而致无一处以其为名，不用很久，八仙桥名就将湮没。作为一个蕴含上海人民民族精神的老地名，听任湮没，岂不可惜。故而笔者在2006年《上海地名》上著文，吁请有关方面引起重视，保护类似八仙桥这样具有丰富历史文化内涵的老地名。今天，借此一角再作呼吁，希望有关部门在对新地理实体命名时，立足城区文化的传承，广泛采征民意，让上海这座国际化现代大都市的城市文化更加五彩缤纷。

城市
之光

八仙桥菜场：一场菜贩与公董局的冲突

诸晓琦

八仙桥菜场，又称华洋菜场，位于法租界八仙桥地区，是上海著名菜场之一。由于菜场是这一区片的主要设施，又与城市居民生活密切相关，所以被视作八仙桥地区的中心。19世纪后期，八仙桥附近居民日渐增多，出现了由简易木屋组成的菜场，许多摊贩运来

1930年，开张不久的八仙桥菜场

鱼、肉、菜蔬等在此设摊销售，生意颇好。1899年，法租界公董局趁扩展法租界之机，开拓八仙桥一带新租界，修筑了多条马路，市面更为兴盛，加速了八仙桥地区的繁荣。1929年，附近已成居民稠密之区，随着人口的增长、摊贩的密集、设备的不敷利用，菜场的扩建已显得十分有必要。为满足需求，法租界公董局拆除原有木屋，向空间拓展，营建三层钢筋混凝土房屋，作为室内菜场，底层四面敞露，便于营业。

公董局摊基投标　众菜贩群起反对

菜场是各种摊贩谋生的地方，同时被社会大众所利用，其间三教九流，无一不有。不同需求的个人或群体为各自的利益所驱使，逐渐构成了菜场里的社会冲突。这种冲突有摊贩与摊贩之间为争摊位大小、地点优劣而发生的利益冲突，也有摊贩与买主之间为讨价还价而发生的利害纠纷，以及摊贩与菜场管理者之间的矛盾等。1930年发生在法租界八仙桥菜场的摊基投标事件（即以摊位招标的方式谋取更多利润），即是法租界公董局与菜场菜贩争夺利益而发生的一起社会冲突。

1930年12月30日的《申报》登载了法租界公董局发布的"八仙桥菜场标租摊基"公告，云：

"八仙桥菜场标租摊基章程，第一条，公董局每年于十二月下半月招人标租菜场摊基。第二条，菜场内之摊基，皆按类分区，其各类摊基之地位，均详注在附于本章程后之菜场图样内。第三条，各摊基皆订有号码，租期为一足年，自一月一日起至十二月三十一日止。第四条，各摊基用拍卖式标租，以喝价最高者为得标。第五条，标喝之价，即指每摊月租而言，其最低限度须如下列第十一条之标准租金。第六条，同类摊基，一人不得标租两摊基以上。第七条，不得代人标租。第八条，得标人当场即须先缴一季租金，各摊基租金，以后亦须按季预缴。第九条，如年内有摊基得空，公董局得随意分派于请求人。第十条，如得标人，于每季第一个月十五日前，不付季租者，即失其所得租权。第十一条，各摊基之标准租金如下，楼下各摊，每摊按月银六两，楼上各摊，（甲）蔬菜摊，每摊按月银三两，（乙）吃食摊，每摊按月洋十五元。总办傅勒斯奉命启。"

同时宣称："标租日期，另行择定。欲阅详图，请至本局总办处。"

菜贩们看到《申报》上的"公告"后，第二天就作出反对摊基投标法的决定，并随即组织团体至大自鸣钟法公董局举行大请愿。因为事关小贩们的生计，对于捕房巡捕的驱逐，大家均不畏惧，甘愿受罪。公董局华人买办胡方锦对请愿菜贩百般劝慰："投标之法，原经公董局会议通过，今各摊友为生计关系，而投标时可令旧摊户先行投标，以示优先。"

但菜贩们异口同声，都表示不满意，坚决反对菜场投标。胡方锦答应另想办法，劝各小贩先行散去。各小贩以为胡君了解小贩苦衷，就遵照胡君之命，全体立刻散去。但是出了公董局之后，菜贩们又集合在中法学校门前的临时菜场中开大会，议决办法，最后一致推出25名代表，组成八仙桥菜场摊贩联合会，一面向各方请求援助，达到取消标租之目的，一面将发表的宣言进行整理，归纳出菜场不能投标之理由，继续向法租界纳税华人会五华董、九委员请愿，直到达成最后目的为止。

自法租界八仙桥菜场改建以来，所有菜贩均移至中法学校门前的空地上，临时设摊营业，赖以维持一家生计，而且已经多月。各菜贩原寄希望于旧菜场改建完工，迁入新菜场，得以继续营业，孰料法公董局用投标法召租摊基，并订明章程十一条。这种办法系用拍卖式标租，而且公董局规定每年投标一次，以求取得投标之巨利，形同交易所。全体菜贩四百余人群起恐慌，都认为这种办法对小贩这种小本营生必会产生威胁，势将不堪维持，并有可能失去其原有摊基设置权，互相之间必起竞争。

法公董局方面因改建菜场，花费极巨，决定将摊捐增加数倍，即原捐一元八角，增至六两银子之数，以期收回所有投资。公董局原定1931年1月5日拍卖，因各小贩在事前一致议决停止前往拍卖，并且公举代表，分赴法租界纳税华人会，暨华董杜月笙、张啸林，华委程祝荪等处请愿。该会答允转函给法公董局，请求变通办法。有鉴于此，法公董局只得将投标拍卖之法暂缓施行。

另一方面小贩们派出代表，致函法租界当局，希望仍照以往章程办理，并要求减轻摊捐。

不日，社会各界对小贩们所提的请求，均有表示，极力声援八仙桥菜贩，希望法租界纳税华人会速为解决。

众华董居中斡旋　公董局被迫让步

但是，法公董局仍以新旧摊贩争谋摊基为由，改订章程，投标并未取消，并宣布于1月28日继续举行投标。面对这一结果，法租界八仙桥三百多名菜贩决定集体停市，坚决反对投标摊基。28日下午2时，是菜场进行投标的时间，小贩们非但不前往投标，而且还将临时菜场停市，同时聚集数百人，分向华界国民党及政府机关大请愿，遂使冲突进一步升级。

29日的《申报》用了一个大版面，全面报道了小贩与公董局的对抗与冲突。

摊基投标办法虽然经过法租界公董局董事会议通过，但因为小贩们的强烈反对，社会舆论对小贩们的同情与支持，只能变通办法，并由华董杜月笙、华委程祝荪、公董局督办魏志仁等磋商得出结果，

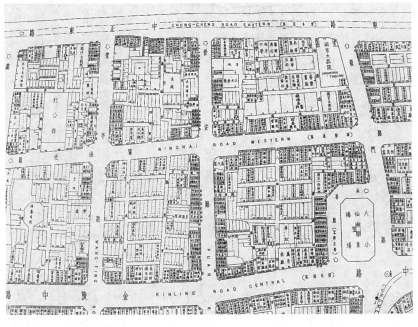

八仙桥菜场位置图

采纳小贩们意见，在华格臬路杜公馆邀集双方代表进行谈判。小贩出席5名代表，多数小贩在公馆外等候消息。小贩提出三点要求：第一，摊基捐费，楼上至多三两楼下至多六两；第二，将季捐改为月捐，免纳保证金；第三，投标改为抽签。

法租界当局对于二、三两项表示能够承受，对于第一项原定最低租额为三两至六两，倘使投标，必须增至八两十两，现在改定为楼上分三两四两五两、楼下六两七两八两三等，以寻求双方让步。

讨论多时，没有结果。因为小贩们原租费只有一二两，现增至三两至六两，已属难胜负担，如果加至七两八两，各小贩是否同意，还需磋商。第二天，小贩代表前往程祝荪住宅，听候接洽解决经过：第一，摊租捐决定楼下（荤菜摊）每月银八两，计五十八摊；每月银七两，计四十七摊；每月银六两，计九十七摊；楼上（吃食摊）

67

《申报》刊登"八仙桥菜场重新开幕，菜贩放鞭炮庆祝"的消息

城市之光

二十摊，每月十五元;（素菜摊）每月四两，七十一摊；每月三两，九十摊；在路口每摊按月八两；在转角处，每摊按月七两；在中央者，每月六两。第二，取消三个月保证金，决定按月二十日至二十五日为纳捐之期，照会效力为一个月，如过期不缴捐者，即失租赁权。第三，投标法决定取消，将用抽签方法，凡旧摊户执有一月份照会，先向纳税华人会登记，定期分别抽签定位。菜场摊户对此种办法认为满意，一场纠纷冲突，至此完全解决。

之后，八仙桥菜场连日举行抽签定位，为示公允，法公董局特约请法租界纳税华人会派员监察。2月7日上午7时，八仙桥菜场开幕，各菜贩迁入营业，并燃放鞭炮以示庆祝，甚为热闹。为招待各界来宾，特备中西名点及香槟酒等，"此等举动，为上海各菜场开办以来所未闻也"。

为感谢法租界纳税华人会五华董、九委员的援助调解，最终达到菜贩所要求的目的，使得菜场纠纷得以和平解决，八仙桥菜场小贩们特制匾额一方，上书"市民屏障"，送抵山东会馆暨法租界纳税

八仙桥菜场内部一角

华人会，沿途军乐悠扬，一路燃放鞭炮。

  这场冲突，历时两个多月，《申报》连篇累牍地报道，社会各界持续给予关注，法租界公董局最终作出让步，小贩要求基本得到满足。

挖出清代大炮的光明中学

段　炼　陆丽敏

在上海市黄浦区淮海东路、西藏南路转角，有一所具有120多年悠久历史的名校——光明中学。在周围喧嚣的广告叫卖声中，不时传来朗朗的读书声，学校虽处最热闹的市中心商业区，却显得格外宁静。本文要说的是在该校大操场出土的一尊清代大炮的故事。

20世纪70年代，为了贯彻"深挖洞，广积粮、不称霸"的方针，上海与全国各地一样到处都在挖防空洞。1975年5月中旬的一天，黄浦区金陵路街道人防工程队正在光明中学大操场上施工。忽然，工人的铁锹在距离地表约2米处碰到了一件巨大的硬物。尽管当时处于"文革"后期，上海仍然是中国第一大都市，市中心高楼林立，人口密度很大，寸土寸金，地底下几乎都是管道线路。然而，自1913年中法学堂落成之后，这里一直是学校的操场，没有建造过其他建筑物，可以说是一片未经深掘的"处女地"。这件硬物究竟是什么东西？会不会是不小心挖到了古墓葬？

随着进一步的挖掘，这件神秘的硬物渐渐露出了真容：原来这是一门铁炮。该铁炮腰部突出两耳，除后部稍有残损外，基本保存完整。炮身残长230厘米，炮口外径30厘米，内径11.5厘米，最大径长1.3米。经过仔细辨认，发现在炮身上铸有60个阳文楷体字：

70

在光明中学操场上挖出的清代平夷靖寇将军铁炮

中法学堂部分师生合影

道光二十一年十月　日

平夷靖寇将军

兵部侍郎江苏巡抚梁章钜

兵部尚书两江总督牛鉴督造

提督江南全省军门陈化成

苏松太兵备道巫宜禊督同

与铁炮一起出土的，还有铁炮弹一枚，重约3市斤。

大家顿时兴奋起来。江南提督陈化成不就是第一次鸦片战争时期率领上海军民抗击英军入侵的民族英雄吗？"平"和"靖"都是平定的意思，"夷"是指外族侵略者，"寇"是指强盗，"平夷靖寇"就是指把外国强盗赶出中国。铸有陈化成名字的大炮，也是第一次出现。显然，这是一件反映中国军民抵御外侮保卫上海的珍贵文物。由于炮身较大，分量很重，如何运输成了难题。新沪钢铁厂铸造车间的工人们闻讯后，派出了专业的起吊装卸队，终于将铁炮安全地送入文物库房。

据清袁陶愚所著《壬寅闻见记略》等文献记载，1842年6月16日拂晓，英军战船由"白龙特"号领导，排阵驶入吴淞口。江南提督陈化成驻守西炮台，向敌舰开炮，弹无虚发，激战3小时，击沉1艘大兵船、3艘火轮船，毙敌300余人。后来，英军向东炮台及小沙背猛力攻打，两江总督牛鉴不战而逃。敌人遂由小沙背登岸，乘势占据宝山。此时，西炮台处于三面受敌的困境，陈化成和将士们依然顽强抵抗。最终，陈化成身负七处重伤，倒在了血泊之中，西炮台官兵全部壮烈牺牲。由此可知，阻击和抗御英军的战场应该在宝山，陈化成也是在吴淞口为国捐躯的。那么，这门"平夷靖寇将军"铁炮又怎么会在远离战场的市中心出土呢？

当时，离铁炮出土地点一二米处，原本还有一块基座模样的东西。但是，当文物考古工作者赶到现场时，已经看不出任何痕迹了。有人推测，光明中学操场，或许就是1841年鸦片战争时期陈化成设置在县城北门外沿河一带的炮位，以抗击从北面进犯上海的敌人。另外，距上海县城北门外西北隅百步之遥，曾经有一处"地坛"，是地方官员祭享之所。法租界建立后，地坛被划入租界，但根据协议，此块地方仍归上海地方政府管辖。1853年小刀会起义爆发，列强宣称"武装中立"，清朝军队无法借道租界攻打被起义军占据的上海县城。于是他们想到了地坛，在那里建造炮台，借以轰击城内的起义军，当地百姓称之为"大法炮台"。其位置大致在如今的西藏南路东、延安东路南，也就是后来中法学堂的所在地。铁炮是古代战争中最重要的火器，铸造不易，而使用寿命很长。据此，上海市历史博物馆的专家推断，"平夷靖寇将军"铁炮当为清军镇压小刀会起义之际，从其他地方运来的主力火炮。战争结束后，铁炮一直存放在"大法炮台"，直到中法学堂建造校舍，才被填埋入地下。

20世纪90年代初，上海市历史博物馆成立，"平夷靖寇将军"铁炮拨交该馆。与此同时，宝山县在临江公园原陈化成祠堂筹建纪念馆。这门铸有"陈化成"名字的铁炮，随即借展陈化成纪念馆。当年的"平夷靖寇将军"，虽然已锈迹斑斑，雄风却不减当年，如今正在陈列大厅内向前来参观的人们默默述说着鸦片战争那段尘封的往事。

城市
之光

八仙桥琐忆

杨小佛

八仙桥作为上海的一个地名，是指淮海中路与金陵东路接界的一块地方。在旧社会，这里曾是遍布"咸肉庄"的低级色情区。

八仙桥菜场则是一个比西摩路（1943年改为祁门路）菜场、福州路菜场、虹口三角地菜场稍次的菜场。菜场楼上是吃早点的茶馆。1925年我家迁居上海后，我在八仙桥铜山胡氏小学读书。一次，我父亲杨杏佛的司机施福生师傅送我去上学途中，带我到八仙桥菜场楼上吃天津包子。我们上楼找到一张桌子坐下，堂倌送上一壶茶、两只杯子，问吃什么东西。福生说："天津包子。"不一会堂倌端上一盆热气腾腾的包子，足足有二三十只。我说这么多，怎能吃得下？福生说："吃几只算几只。如果拿上来少了，一会儿就会冷掉的，天津包子的一包汤就会干掉。"

天津我未去过，当地享有盛名的"狗不理"包子没有尝过，但八仙桥菜场楼上的天津包子，它的一包鲜汤却使我终身难忘。

第二次去八仙桥已是20世纪70年代，当时还处在"文革"时期，上海已无人喝咖啡。一次，震旦大学同学张蓴辉约我去八仙桥喝咖啡。我说，八仙桥哪里有咖啡馆？他说在八仙桥菜场对面的老虎灶。我说，老虎灶怎会有咖啡？他说，你去了就知道了。果然，这个老虎灶很大，除了泡开水、开茶馆，还卖大饼、油条、粢饭等早点。另有大杯咖啡和小壶咖啡，均为二角一杯，但一是小壶专煮，一是大壶统货，味道不同。我们喝的是小壶咖啡，味道还不错。这在当时已是很难得了。我们去过几次，都是骑自行车来去，并未遇到意外。

如今已是21世纪了，我已好久未去八仙桥，想必老虎灶已淘汰了。但咖啡馆已经是遍地开花，令我目迷五色无所适从了。

八仙桥除了有大世界游乐场外，那里还是法租界的风化区，但较公共租界的会乐里级别低两档。会乐里是长三堂子集中地，八仙桥只有少数幺二堂子，大部分为"咸肉庄"。

基督教青年会却是八仙桥的一个上流会议中心。1933年初，宋庆龄主持的中国民权保障同盟曾选定此处开会员大会，复兴社特务拟在此进行破坏。法租界捕房的程子卿知道后，首先通知同盟总干事杨杏佛切勿前去开会。同盟立刻决定转移到亚尔培路（今陕西南路）明复图书馆开会。

近年来，上海人包括来上海打工的人一直在盼望早日恢复八仙桥大世界，方便大家在工作之余或节假日逛街购物之后，有一个休息游乐的场所。

民国初年的八仙桥路段街景

日新池：阿桂姐开办女子浴室

姚霏

1934年，沿着跑马厅旁的西藏路向南踱步，过了由洋泾浜填筑而成的爱多亚路，就到了法租界的地界。这里是老上海津津乐道的八仙桥地区。仿佛为了印证这个地名的恰如其分，这一带是上海滩最为鱼龙混杂、各显神通的地界。就在那年，一家女子浴室诞生在这里一家名为"日新池"的澡堂里。

城市之光

潘玉良取材于上海女子浴室的《浴女》图

"日新池"可不是随随便便哪家澡堂都能起的名字。老上海人尽皆知的三大浴池，其中就有日新池的大名（另两家是浴德池和卡德池）。日新池最初位于法大马路（今金陵东路）西藏路的西南角，那里可算是八仙桥的黄金地段。茶馆、浴室楼上楼下的格局，吸引着当时的遗老遗少和帮会的三教九流争相前来。后来随着新兴娱乐业的兴起，黄金地段自然要获取黄金收益。很快，

一家名为黄金大戏院的
建筑拔地而起，而原先
的日新池自然动迁到了
别处。

日新池的新址位于
原址西面不远处的维尔
蒙路（今普安路）。说起
这次动迁和新址的选定，
就不得不提在旧上海叱
咤风云的黄金荣。黄金

抗战胜利后，沪上报刊有关女子浴室经营困难的
报道

荣供职法租界巡捕房后，就把家安在八仙桥钧培里。由于黄金荣十分
推崇苏北一带"早上皮包水，下午水包皮"的生活享受，日新池成
了他"水包皮"的固定去处，一来二往之后，就成了他的产业。20
世纪20年代中期，戏迷黄金荣又有了开设黄金大戏院的设想，日新
池所在地成了最理想的戏院选址。不过，黄金荣也没打算放弃经营
日新池，于是就在钧培里隔壁建起了一座全新的日新池。从地图上
看，新造的日新池规模不大，但好歹能满足黄金荣"私人浴池"的
需要。据说日新池的新老板也是黄金荣指定的徒弟舒长泰。

1930年，日新池被黄金荣盘给一个名叫阿桂姐（也有文章称
"阿贵姐"）的中年妇女和她的儿子"法租界粪大王"马鸿根，改称
"日新池鸿记浴室"。阿桂姐泼辣、凶悍的作风在八仙桥一带小有名
气。仗着是浴室的老板娘，阿桂姐常在开业之前自作主张，让家里
的"女眷"近水楼台、先洗为快。上海的公共浴室又称"混堂"，顾
名思义，澡水终日不换。一般洗澡的人往往喜欢赶早，能洗上那相
对干净的"头汤"。日子一久，浴客意识到自己花了浴资，却洗不到
"头汤"，自然大为不快，各种冷言冷语不胫而走。有的说澡堂子让
女人洗过了，触霉头；有的干脆直指阿桂姐家所谓的"女眷"实则

是妓女。渐渐的，日新池客人少了，生意淡了，连黄金荣也怕招来晦气而改到逍遥池泡澡了。

女人进澡堂怎么就成了晦气的事？这还要从中国的传统文化说起。《中华文化通志·民间风俗志》记载："（我国）妇女常年不洗澡，只夏季和过年时，在私房内用湿手巾擦一擦身，俗叫'搌澡'、'抹澡'。"上海的澡堂里出现女人，确实是个新鲜事。民国元年，上海公共租界汉口路上，有一位德国女士开设了一所面向中外男女的公共浴室，可惜几乎没有中国女性敢于尝试。1926年，浙江路上的龙园盆汤开始经营"龙泉家庭女子浴室"。尽管硬件设施一应俱全，且标榜一切服务均由女性提供，还是引来了社会舆论的非议。曾有描绘十里洋场风情的竹枝词写道："浴室专座女生涯，只有龙泉这一家。到此澡身非浴德，淌牌窑妓与庄花。"也就是说，真正敢于出入"龙泉"的都是四马路一带的"窑姑娘"和"淌小姐"。也就是在这家浴室里，著名女画家潘玉良创作了几幅以"浴女"为题材的作品。那体面人家的太太小姐就不洗澡了吗？事实上，早在20年代，各大旅馆就充当起了变相的女浴室。公馆太太、摩登女郎们往往在各大旅馆不断更新的西式浴盆里，想象着一千多年前武则天、杨贵妃的奢华生活。如此一来，上海的女浴业自然没有多大起色了。难怪郁慕侠在《上海鳞爪》中感慨："上海滩上的风气，色色都能争先，惟有女浴室的开设，远不如平津之盛。"

八仙桥一带本来就是下等妓寨的集中地。这样看来，阿桂姐家的女眷很有可能是妓女。不过，这些妓女却有一个相当"女权主义"的领头人。据说听到男人们为了自己姐妹洗澡的事议论纷纷，心高气傲的阿桂姐当即放出狠话，要让出日新池三楼的住房开办一家专供女子洗浴的浴室。1934年，日新池三楼女浴室开张的消息轰动上海滩。新开张的日新池女浴室设有大池一个、洋盆十多只，另有套房八间。这个规模虽然比不上"龙泉"，却也算中规中矩。可惜，女浴室的开设没能改变浴室乏人问津的局面。据说女浴室开张的前三年，没有迎来一个正式浴客。人们纷纷劝阿桂姐歇业算了。偏偏这个上海滩上的女强人心气比天高，冒着亏本的风险，让浴工们天天上工，浴池里的开水天天换，硬是把浴室勉强维持了下来。

尽管如此，日新池女浴室的开张，冥冥中还是预示了一个"女人时代"的开启。20世纪30年代的上海进入了高速发展时期。"东方巴黎"的女人们经过开埠后西方文明近一个世纪的浸染，开始绽放出独特的魅力。掌管经济、消费时尚、解放身体成为摩登女郎的时代印记。1936年，上海基督教女青年会将宿舍部洗澡室对外开放。不久，上海社会局出炉了名为"设置市立公共浴室计划大纲"的文件，第一次明确了公共浴室设置女子部的要求。不管是打着三大浴池的旗号，还是倚仗与黄金荣的关系，开业于30年代中期的日新池女浴室，无意中为上海滩女浴业的兴起开了个好头。上海滩女人的倔强执着，让日新池成了老上海印象最深的女浴室。

城市
之光

大众剧场：黄梅戏从这里腾飞

宋 丹

早期的黄梅戏是流行于安徽安庆以及湖北、江西邻近地区的民间小戏，到20世纪五六十年代风靡全国，为各族人民喜闻乐见，被列为五大剧种之一。黄梅戏的崛起和发展，与上海八仙桥地区的一座剧院——大众剧场有不解之缘。

20世纪80年代的大众剧场

大众剧场位于金陵中路1号，原名"黄金大戏院"，由上海闻人黄金荣创办，1930年落成。剧院颇具规模，设3层观众厅，以演京剧为主。剧院因周信芳长期驻演和越剧十姐妹曾演出《山河恋》而声名远扬。1951年，华东行政委员会文化局租赁剧院，改名"华东大众剧院"，由华东戏曲研究院演出京剧、昆曲和越剧。

山野之风吹进上海

黄梅戏原是一个名不见经传的小剧种。1952年在北京举行全国第一届戏曲汇演时，黄梅戏还榜上无名。

这一年夏天，安徽省举办"暑期艺人训练班"，黄梅戏艺人丁永泉、潘泽海、严凤英、王少舫、丁紫臣等参加了学习培训。华东戏曲研究院的陈静、徐进等人在合肥观看了训练班上的黄梅戏演出，对其自然活泼的歌舞形式非常欣赏，建议华东文化局邀请黄梅戏和泗州戏去上海演出。

安徽省集中了黄梅戏的精英，排练了5台戏，其中有现代戏《柳树井》和《新事新办》，传统戏《路遇》（《天仙配》一折），还有两个小戏《打猪草》和《补背褡》，于当年11月14日至16日在华东大众剧院演出。这是黄梅戏首次亮相上海正规剧场，大多数上海人也因此而第一次接触黄梅戏。

黄梅戏进入上海，犹如一阵清新的山野田园之风吹进喧嚣的都市，引起了各界人士的浓厚兴趣。《解放日报》《大公报》《文汇报》《新闻报》等纷纷载文，对黄梅戏演出给予了热情赞扬和支持。上海音乐学院院长贺绿汀撰文指出："他们的

1952年11月13日华东大众剧院在《解放日报》广告中使用了"黄梅戏"名称

演出，无论是音乐、戏剧、舞蹈都纯朴、健康，但又很丰富、活泼、生动。在他们演出中，我仿佛闻到农村中泥土的气味，闻到了山花的芳香。"值得一提的是，大众剧院11月13日在报纸广告中使用了"黄梅戏"的名称，此前一般称之为"黄梅调"。

许多上海市民被黄梅戏质朴委婉的曲调迷住了，有一些戏迷甚至还会哼上几句"小女子本姓陶""郎对花姐对花"。人民唱片厂将《打猪草》《柳树井》《路遇》《新事新办》中的精彩唱段灌制成唱片，进一步扩大了黄梅戏的影响。

1954年华东区戏曲观摩演出是戏曲界的一次盛会，华东地区36个剧种献演了140台戏。9月25日，演出在大众剧院开幕，华东行政委员会副主席谭震林致开幕词。

安徽代表团带来的黄梅戏剧目有《天仙配》《红梅惊疯》两台大戏和《夫妻观灯》《打猪草》《砂子岗》《推车赶会》四台小戏，在大众剧院和人民大舞台轮番上演。参演剧本经过去芜存菁，面貌焕然一新；曲调也重新设计改良，增加弦乐伴奏，更加优美抒情。

黄梅戏轰动上海，载誉而归。《天仙配》一举夺得剧本、演出、导演、音乐四项大奖；《打猪草》《夫妻观灯》分获剧本二等奖和演出

1954年10月严凤英、王少舫在华东大众剧院演出《天仙配》

奖；演员们各竞才艺，个人奖项也大获丰收。

上海电影制片厂副厂长叶以群、导演石挥等人来到大众剧院，他们被《天仙配》的浪漫故事和美妙歌舞所折服。1955年《天仙配》被搬上了银幕，从此黄梅戏走进千家万户，"树上的鸟儿成双对"唱响神州大地，并在东南亚地区掀起了一股"黄梅戏热"。

一颗新星冉冉升起

黄梅戏在华东大众剧院风生水起，一位年轻演员崭露头角，她就是严凤英。

严凤英，1930年出生于安庆，14岁登台演戏。她嗓音甜美清新，表演细腻生动。她曾学过京剧、昆曲，博采众长，自成一派，为黄梅戏的革新发展作出了卓越贡献。

1952年在华东大众剧院演出时，严凤英扮演的陶金花、招弟、蓝玉莲等角色受到上海观众的热烈欢迎。《柳树井》的大段创新唱腔，严凤英演绎得如泣如诉，荡气回肠，全场阒寂无声，唱至结束时爆发出雷鸣般的掌声。严凤英被观众赞誉为"最受推崇的演员"。报纸评论她"唱腔、道白都明朗生动，浑成自然"，"丝毫没有话剧加唱的感觉"。对严凤英演出的《打猪草》更是好评如潮，"严凤英的表演是非常出色的，她完整地创造了一个天真无邪农村少女的形象，使人怀念不忘。这20分钟的演出，简直是一首优美的牧歌。这是农民对青春生活的歌唱"。

1954年华东区戏曲观摩演出中，严凤英展现了迷人的艺术风采。她主演的《天仙配》于10月22日和23日在大众剧院登台。她天籁般的歌喉、精湛传神的表演倾倒了观摩代表和文艺界人士。经严格评选，严凤英不负众望，荣获演员一等奖。这是黄梅戏史上的一个里程碑——七仙女的形象深入人心，严凤英从此成为黄梅戏当之无愧

的领军人物。

严凤英在《打猪草》和《砂子岗》中的出色表演，也获得观众的交口赞誉。为了让各省市代表和观摩人员更多地了解严凤英，记者完艺舟采访了她，并在《会刊》上发表了《黄梅戏演员严凤英访问记》。

对这次观摩演出，严凤英深有感触。她说："我们祖国真是太伟大了，仅仅华东一个地区，就有这么多剧种，这么多优秀的剧目，这么多杰出的表演艺术家，真是了不起！我这次来参加会演，真正大开眼界，心里有说不出的高兴……"

"花正红时寒风起"，风华正茂的严凤英在"文革"中含冤去世，年仅38岁，令人扼腕。

1978年严凤英沉冤昭雪，黄梅戏迎来了第二个春天。八仙桥的大众剧场（1955年改名）与黄梅戏重续前缘，安徽省马鞍山黄梅戏剧团从10月30日至11月16日在这里上演《天仙配》。尽管采取每人限购2张票的措施，仍然场场爆满，可见上海人对黄梅戏和严凤英的深切怀念之情。

青年会所八十年

张 化

　　西藏南路123号是上海中华基督教青年会（以下简称青年会）于1931年建成的新会所，因地处八仙桥地区，上海人习惯称之为八仙桥青年会。

八仙桥青年会所

三位"海归"设计师的杰作

青年会所是一幢具有中国民族风格的早期高层建筑。钢筋混凝土框架结构,占地2 211平方米,建筑面积10 422平方米,高10层。沿今西藏南路部分为正立面,作三段处理,底部采用平整花岗石砌筑,拱券入口和腰线用石料花纹装饰;中部采用泰山面砖;顶部是重檐蓝色琉璃瓦屋顶,飞檐翘翼,两檐间有一层房屋,檐下饰斗拱。蓝色琉璃瓦在古建筑中寓意敬天。大楼平面呈凹字形,凹处朝南,外观好像北京前门城楼。朝西的正门系仿宫殿的槅扇,菱花格心,门框饰古典云纹等雕刻。二楼大厅装饰中国宫殿式,天花板有和玺彩画。在中国传统建筑中,有一定等级的建筑才能用彩画;用什么样的彩画,也大有讲究。和玺彩画是最高等级的彩画,北京故宫三大殿就是金龙和玺彩画,后三殿用的是龙凤和玺彩画,天安门上是莲草和玺彩画。进入民国,打破了封建等级,这座青年会所才得以使用,但内容、形式及材料、画法都进行了改进和简化。可见,整幢大楼以西方现代建筑为框架,以东方传统建筑元素为装饰,中西融合,相得益彰。

当时,中国基督教经历了持续5至6年的非基督教运动的冲击。教内华人反思的结果是发起基督教本色化运动,在神学思想、教会组织、礼拜仪式、圣诗、教职人员服饰、教会建筑等各方面与中国文化相结合。所以在这一时期的不少教会建筑中留下了鲜明的中西文化结合的印记,八仙桥青年会会所和今多伦路鸿德堂就是其中的典型代表。

会所的3位设计师李锦沛、范文照和赵深,都是学贯中西的饱学之士。李锦沛1920年毕业于纽约普莱特学院建筑系,1921年至1922年到美国麻省理工学院、哥伦比亚大学进修建筑,获纽约州立大学注册建筑师证书，曾参与新泽西城基督教青年会的设计。范文照与赵深均毕业于美国宾夕法尼亚大学建筑系，赵深获硕士学位。大楼由江裕记营造厂施工。该厂由江裕生创办，此时由其子江长庚经营；该厂与基督教会渊源颇深，上海不少教会建筑均由该厂建造。江裕生的另一个儿子江长川这时是景林堂的牧师，也是蒋介石的副洗牧师，后任中华基督教卫理公会会督（即主教）。这幢大楼建成后不久，即被列为著名建筑。1989年，它被列为上海市市级文物建筑保护单位、上海市二类优秀保护建筑。

会所的底层设有公共浴室和理发室。理发师都是业内高手，用品也力求精美。二楼是大礼堂、图书馆和各种活动室。三楼是小礼拜堂、各种会议室和办公室。4至8楼是宿舍，供会员和各界人士住宿；有198个房间，每层楼有公共浴室及卫生间，仅4楼个别房间有单独卫生间；房间宽敞，家具齐全，用具洁净，空气清新，租金低廉，侍役周到。九楼西部是餐厅，东部是交谊室（小礼堂）。餐厅提供中、西餐，食品精美而时尚，价格便宜，宾客常满；上海的中、上层人士常在此举办婚礼，1936年，蓝苹（即江青）、赵丹、顾而已等3对艺人在杭州六和塔前举行集体婚礼回到上海后，也在此招待亲友。10楼是厨房和国术厅。大楼东侧有500平方米的空地，待建健身房、室内球场和游泳池。刚建好7层高的钢架、挖好池基，不料，却因"一·二八"抗战爆发而停建。1938年，建成临时健身房，可进行各种球类训练、机械体操及篮、排球比赛。可见，八仙桥会所的设施真可与如今的高级俱乐部相媲美。

鲁迅应邀来会所举行讲演

青年会历来非常重视演讲和讨论。青年会创办之初，即从演讲入手，中外干事们用先进的科学实验、时髦的实物演示、栩栩如生

1936年10月8日，鲁迅在青年会馆第二回全国木刻流动展览会上与青年木刻家们座谈

的幻灯片、直观的模型、图表、照片等边演边讲，听众可以边听边看，对青少年很有吸引力。演讲内容大多是介绍西方新知识，包括天文、地理、科学技术、各国历史、宪法、政治、西方风土人情、卫生等。每周六19时半，在八仙桥青年会所举行例行演讲，内容广泛，演讲者来自社会各界，鲁迅也多次应邀前来演讲。1936年10月8日，第二回全国木刻流动展览会在八仙桥青年会所举办时，鲁迅应邀前来与青年木刻家们座谈，勉励青年木刻家多创作好作品。10天之后，鲁迅就与世长辞。1942年，在日伪不准成立组织的情况下，一个很难称为组织的"星六座谈会"成立，成员大多是工商业会员。虽然不称为组织，却一本正经由会员选举产生理事和正副理事长。他们根据会员的需要，聘请演讲者，有时也进行专题讨论。演讲和座谈内容随社会变迁和领导人的取向而变化。上海解放的第二天，恰逢

星期六，座谈主题就是"新民主主义"，不久又谈"人民民主专政"，演讲"马克思资本论浅释""人民民主政权"等选题。

此外，八仙桥青年会所还开展体育活动，举办"晨友杯篮球赛"等体育比赛。

1920年，青年会设图书馆。1931年迁入八仙桥会所，并对公众开放。1936年有藏书2万多册，在上海公共图书馆中排名居前，环境幽雅，日告满座。1938年，藏书增至3万多册，藏书量列全市公共图书馆第三。1955年1月，女青年会图书室并入，藏书增至5万册。

刘良模举办抗日民众歌咏会

八仙桥会所建成不久，即遇"一·二八"淞沪抗战。青年会成立了学生国难急救会，开展救济、宣传、慰劳活动，派学生为伤兵写信；组织战地救护队，将难民救出战区；成立学生救济会，筹款救济被难学生；将富丽堂皇的八仙桥会所也用作难民收容所，收容了2 000多人；又在八仙桥会所设立战时大学，收留了100多名学生，使他们能继续学业。历经3个月，才恢复常态。

青年会全国协会干事刘良模在八仙桥会所举办民众歌咏会，免费教唱抗日救亡歌曲，要求他们学会后转教别人。歌声迅速传向四面八方，成为鼓舞军民抗日的精神武器。1936年6月7日，民众歌咏会1 000人到南市公共体育场举行歌咏大会，在刘良模的指挥下，带动了围观群众一起唱，变成5 000人的大合唱，产生很大社会影响，受到周恩来的鼓励。

1937年"七七"事变后，上海青年会即成立由127人组成的"上海基督教青年会战时服务团"。"八一三"淞沪抗战开始后，八仙桥青年会所参加征集军用棉背心慰问前线官兵的活动；征集用品、派人到伤兵医院为伤兵服务；1938年3月起，派干事到谢晋元的孤军营服务。此外，他们还经营了7个收容所，收容难民26 000多人。10月，经上海青年会董事、沪江大学校长刘湛恩提议，上海男、女青年会联合发起组织学生救济委员会，在国内外募捐，接待流亡到沪的大学生，为他们提供工读学额、学生经济宿舍和旅费津贴。1937年8月16日，中国海军官兵在黄浦江向日本战舰发射鱼雷后，潜入租界，入住八仙桥青年会所宿舍，1个多月后才辗转返回部队。

1958年起，中华基督教青年会、女青年会全国协会和上海基督教青年会、女青年会4个团体在八仙桥会所联合办公。4至9楼改为宾馆。"文化大革命"中，青年会被迫停止一切活动。

1982年6月，八仙桥会所委托锦江饭店投资修建并经营管理。近年，男、女青年会全国协会迁至漕溪北路88号圣爱广场办公，上海男、女青年会迁至延安东路29号办公。该大楼现为上海锦江国际酒店（集团）股份有限公司下属的四星级上海商悦青年会大酒店，但在二楼为上海男、女青年会保留了300多平方米的活动场地，作为开展国际交流和社会服务的场所。

城市
之光

在八仙桥上劳动课

郑建华

　　我自幼住在太平桥，离八仙桥不到一公里，八仙桥是我常去的地方。而我对八仙桥印象最为深刻的，就是在八仙桥上劳动课。

　　我是20世纪50年代末上的小学，学校在济南路，原来是定海会馆办的小学校，到我上学时，已经是公办的济南路小学了，但老师大多为原会馆小学校留下的，以宁波人居多。那时小学生每周都要上几节劳动课，这劳动课不同于手工课，是要实实在在出产品的，低年级时是在教室里拆纱头、糊纸袋等。

　　三年困难时期，学校里饲养了一些兔子，甚至还有几头猪。负责养兔子的是一个叫余方的女教师。她是被划为"右派"的，不能上课，只能带领学生劳动，但我们还是管她叫余老师。那时要从每个班级挑选几个比较负责的学生去拔草喂兔子，我也被选上了。

　　八仙桥曾经有一座外国坟山，称为"八仙桥公墓"。到了20世纪50年代末，迁走棺木，改成了公园，就是现在的淮海公园。在淮海公园建成后，西南角还留有一块伊斯兰教徒的墓地没有迁走，里面长满了野草，余老师就带领我们到墓地里去为小兔子找食物。

　　第一次去的时候，余老师特地把我们五六个同学找来谈了一次话，告诉我们要尊重穆斯林的习俗，在他们祈祷的时候不要打扰他们，还告诉我们，墓地是庄严肃穆的地方，不可在那里嬉笑，不可

91

站在墓穴上。接着她就带我们挎着篮子去墓地了。记得她带我们走到太仓路顺昌路的丁字路口，在一扇黑色的小木门前，轻轻地敲了几下，一位戴黑色头巾的老太太出来开了门，可以看到里面是一个小清真寺，有几位穿黑色服装的人在作祈祷。再往里走，便是一片墓地，杂草丛生，墓碑上全是外国字，不少墓碑上还刻有星月图案，有的墓已经破损了，腐朽的棺木露在外面。

余老师带我们进入墓地，叫我们不用怕，并一一指着各种野草，告诉我们哪些草是兔子喜欢吃的，要多拔些。记得有一种野草叫酱瓣草，折断后有白色的乳汁状液体流出，是喂兔子的好饲料，也是我们重点要找的。

以后几次去墓地拔草，余老师不再去了，都是由我带队。我像余老师那样轻轻敲开那扇小木门，向戴黑头巾的老太太打个招呼，便到墓地里去了。我们都很守规矩，从不嬉笑打闹，也不大声说笑，默默地拔草，把篮子装满，然后与老太太说声再见，轻轻地锁上门。我们在那里整整劳动了一个学期，就不再去了。

还有一个劳动过的地方，是八仙桥的一家南货店，位于金陵路龙门路口，在马路的东北角，店面朝西南，往西过龙门路就是有名的八仙桥小菜场，往南过金陵路便是八仙桥邮局，南货店隔壁是有名的协大祥绸布店。这家南货店规模不小，大约有五六开间门面，除卖干货外，还卖水果，但店名叫什么，居然一点印象都没有了。

那时卢湾区的工厂都集中在徐家汇路以南，北面很少有工厂，学生参加劳动只能是三五个人一组零星安排，实在不行的话，就发动学生自己去找劳动的地方。这家南货店就是我和同学们自己找到的。记得那时我才读三年级，根据老师的要求，走到八仙桥的南货店里，问营业员能不能安排学生劳动。他请经理来和我们谈，经理一看我们是几个十来岁的小孩，就说很难安排。我们恳求了好久，并保证会好好干的，不会贪玩，那位经理才答应。于是我和三四个同学在那个南货店里劳动了一个学期，大部分时间是安排我们包南货，由营业员称好分量，我们用纸把货物包成三角包，那是在店堂后面的库房里干的。后来甘蔗上市，我们的劳动内容改成帮顾客刨甘蔗，那是在店堂里，直接面对顾客的服务。起初我们笨手笨脚的，顾客在一边干着急，后来渐渐熟练了，像个样子了，顾客对营业员说，你们有接班人了。

改革开放以来，随着城市改造，八仙桥已经大变样了，菜场连同南货店都成了绿地，那家邮局也无影无踪了。只是当年在八仙桥劳动的情景，还常常会浮现在我的脑海里。

城市
之光

十六铺旧事漫谈

小东门外今人民路、中华路至江边的东门街南北两侧，习称十六铺。其范围大致包括从原上海客运站之北沿，南至老太平弄，

城市
之光

1918年的上海城厢分铺图

即北接新开河，南抵大东门、关桥码头，西连小东门，东濒黄浦江的这一区域。十六铺是老上海极有名的城区，自宋元起就是上海的水大门，历史积淀深厚，在近年城区面貌大变动中，变化也极大。

分铺至迟始于雍乾之交

十六铺源于上海城厢分铺管理，以序得名。但因岁时久远，究竟分于何时，又为何而分，如今却说不准了。

清同治《上海县志》之《补遗·团练章程》首条中，有"城厢内外十六铺"之句，据此便有人认为分铺于咸丰、同治间，意为组织团练防御太平军。民国《上海县续志》中有一幅《城厢分铺图》，系据同仁辅元堂存藏的《铺址册》绘制的。此图标有头、二、北三、南三、四、七、八、九、十、十二、十五、十六、十九、二十、念二、念三、念七等铺，图后又注明"三铺有南、北两段，而念三、念七两铺合为一段，故仍得十有六"，又有"城厢户口繁密，向系分铺办事"和"分铺缘起不可考"两句。由此，约略可知分铺远在咸、同之前，原由当与户口管理及凭借户口的"办事"有关，初分至少27铺，屡经整合，衍为16铺。

随着文献发掘的深入，对分铺时间的认识也由咸、同而道光、而嘉庆、而乾隆四十三年（1778）。2007年，笔者编纂《云翔寺志》，为访求明李流芳等书云翔寺疏文长卷，往访了著名收藏家顾景炎先生的后人。顾景炎先人乃世居老城厢的大族，他本人更是上海史研究的前辈。20世纪90年代中期，笔者为将其《南溪草堂访问记》收入《卢湾区志》，也曾造访过他的后人，知他家收藏上海文献资料甚丰。这次，笔者见到了其先人购置城内房产所立的两份房契，分别坐落于"二十五保五图城隍庙西首"和"城内九铺"，前者署时"雍正肆年玖月"，后者为"乾隆拾叁年闰柒月三十日"。据此，似可推

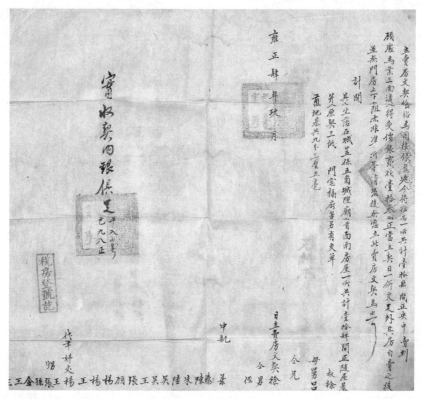

雍正四年房契反映上海城厢尚未分铺

断：分铺当在雍正四年至乾隆十三年间，即1726—1748年间。2009年，笔者将此断论与该两份房契图照，辑入所主持编纂的《黄浦经典》一书。

再据民国《上海县续志》中所透露出的分铺与户口及"办事"关系的信息，大致可推断出，雍乾之交，上海经济发展较快，户口、商铺日增，为加强对居民、商家的管理和适度分摊铺户承担支应官府诸如采办、公益等义务，实施分铺制度。"铺"，在古代除商铺外，金、宋以降乃是一种邮递交通机构之名称，即邮亭，十里或十数里、数十里设一铺，亦称急递铺。据宋《嘉禾志》及明清方志记载，上海城内有县前铺，去松江方向有淡井铺、龙华铺等，去嘉定方向有真如铺、江桥铺等。而明清户籍管理基本制度为里甲制，即每11户为一甲，相互连保，合10甲为上一级建置，在农村称里，在城称坊，近城称厢。至于上海城内外为何称"铺"而不称"坊""厢"，雍乾间的上海城厢又发生了什么事情，直接催生分铺制度，目前都不清楚，只能留待进一步的研究了。

上海差点成了"死地"

作为上海的水大门，在主权沦丧的近代中国，十六铺自然也为列强所觊觎。先是在咸丰十一年（1861），十六铺就已经丧失了一半的主权。

法租界辟于道光二十九年（1849）。据初辟公告，南界从黄浦江边的潮州会馆（实是福建会馆之误），至护城河（今人民路）。小刀会起义后，租界地价剧升，虽至同治元年（1862），全上海法国人仅100人，法国驻沪领事爱棠却早就开始以租界"狭小"，不敷居住使用为由，提出扩界，1861年2月8日在其给外交部长的信中就明确表示想

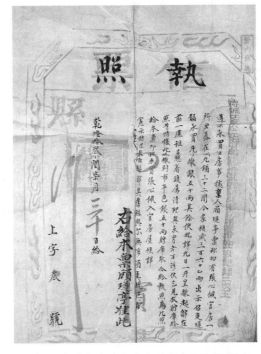

乾隆十三年房契表明上海城厢已实行分铺管理

97

法国驻沪领事爱棠在法国水兵墓右侧留影

把租界扩至"小东门的那条小河浜",即方浜边,只是为上海道断然拒绝而未果。是年5月25日,法国外长图内尔的一项指令,使爱棠获得了机会:享有印度支那邮务特许权的法国皇家邮船公司,要求在上海获得一块30亩的土地建码头。外长指令为保证该公司的要求实现,法租界内可暂停甚至取消土地租用的审批。爱棠一面紧紧把握这一机会,请求法国驻华公使布尔布隆向清朝中央政府交涉施压,以达到扩界目的,一面又想以法国海军在吴淞所占的一块长1 850米的水线土地应付邮船公司。对此,外交部重申对5月25日指令必须"照此办理",严厉训示其要"完全满足"邮船公司的要求,并指定必须在董家渡附近为其获得30亩地。同时又采纳爱棠的建议,命布尔布隆立即向清廷刚设立的总理各国事务衙门交涉。

98

1898年的法邮码头

布尔布隆即以法国海军曾帮助镇压小刀会为由，提出清政府应付点"报酬"。10月17日，布尔布隆函告爱棠交涉成功，让他带着总理大臣恭亲王奕訢同意将法租界一直延伸至"小东门小河浜"的命令，交给上海道执行。爱棠是10月29日将这封信送到上海道吴煦手上的。在这封信中，他用了上级对下属下指令的口气催促吴煦执行划地命令，如其第三点是"令知县备好拘票，以便随时拘捕抗命的地主"。

就这样，十六铺的一半成了法租界，其范围成了《城厢分铺图》中的状况。稀奇的是布尔布隆与恭亲王议定供皇家邮船公司租用的土地是34亩，而实际扩展的却是68亩，不知道上海道吴煦何以如此大方？

然而，事情并没有完，法租界当局还惦记着另一半的十六铺，且不止十六铺，还包括十六铺向南直至董家渡的黄浦江水线以及徐家汇、浦东、吴淞在内的许多地方。光绪二十四年（1898）发生的第二次四明公所事件，又一次为其提供了机会。事件发生后的第8天，即7月24日，在为解决事件的谈判中，法国驻沪领事白藻泰就明确提出对上述范围的扩界要求。后因英法之间的矛盾制约和上海道蔡钧等地方官员的抵制，最后以八仙桥向西向南，至今自忠路、顺昌路、太仓路、重庆南路、老重庆中路、金陵西路、连云路、延安东路间的一块土地，暂填欲壑，才令十六铺之南半部得以保全。

前几年，笔者在参与《清史·中国租界志》课题时，从时任上海道的蔡钧与湖广总督张之洞的往来电文中，发现了以前不太为人知晓的一些内情。原来，还在法国人提出扩界要求前4天，即7月20日，四明公所董事沈敦和就密电两江总督刘坤一，进言："请划地三处归法拓界，可保冢地；一、南市新马路十六铺至董家渡；一、西门外达徐家汇；一、浦东一片。如浦东不予，将董家渡展示南码头。"这当然是沈氏与法方私下接触后，为保四明公所而为法人向刘坤一的说项。蔡钧获知后，极为不满，在是日第二次致电张之洞时云："东电禀发后，续悉沈道敦和已电禀岘帅"事，"不特职道连日与各领调停，未能有此说，即使岘帅有此谕，亦应密告司道，由官设法转圜。乃并不晤商，辄将国家土地由董事出面做人情，殊出意料之外。"又云："西人昨日密告，如宁众再坚持三五日，更不容法人索寸土。现事机已松，宁人行将心涣，

张之洞

100

1908年，金利源码头上人来客往

恐非许地不可保冢。"之后，在交涉过程中，法方坚索十六铺，如7月28日（初十日）蔡钧电告张氏，"聂藩司连日会商法领，请四明冢地左近开一路，并在西门外八仙桥别给一地，尚可设法通融。惟乃索十六铺，坚持未定。"对此，张之洞十分关注，7月27日电询："究竟十六铺已给法人否？抑别有抵换？速示。"接28日蔡电后又即复："蒸电悉，稍慰。十六铺万不可许。若与法，上海城无出路矣。前功尽弃，更不待言，他项利益虽加增无妨。事关沪上大局，故敢越俎妄言，务望坚持。"他又特别关照，"万勿言鄙人所说，恐江南大吏不悦也"。

故而，十六铺未完全落入法国之手，既有英美与法国矛盾制约诸因素，而在张之洞支持下，蔡钧与江苏布政使聂缉椝诸人的力抵，无疑也是有作用的。不久，在英法诸国领事攻讦下，蔡钧被罢免，恐与他既非刘坤一亲信又对两租界扩张予以强硬抵制，有着极大关系。

101

金利源码头是闽商郭氏所建

作为上海水大门的十六铺，自然以码头著称。以东门街为轴线，江边是往浦东东昌路的轮渡码头。笔者出生在东昌路冰厂田，对这个轮渡站真是太熟悉了，即便是从站北小码头上，坐在载客七八人至十一二人的小舢板中，在黄浦波涛中一摇一晃，也不知有过多少次。轮渡站以北即是后来的上海客运站，从前称金利源码头，曾属招商局所有；再北也是招商局码头，不过是从美商旗昌洋行手中购入的，旗昌以前即属法国邮船公司。轮渡站之南则是大达码头。

在这众多的码头中，资格最老的当数金利源。而说到金利源，又不由得想起20世纪90年代中叶，笔者在天灯弄书隐楼拜访郭俊伦先生的情景。当时，郭老忿忿地说："说金利源码头是旗昌创设的，那是瞎讲。金利源是我家创办的。""因为福建帮船只码头多取'金'字头，目的是讨吉利。与旗昌一点不搭界。后因资金问题，于光绪八年（1882年）售于招商局。"并说他家中尚存有光绪四年至八年的账册可证，上有金利源码头租金等收入记录。郭老是上海乾嘉年间著名闽商郭万丰船号家族的后人。据笔者那天见到的嘉庆《龙溪郭氏家谱》抄本所记：该郭氏原籍河南，唐代入闽，后定居龙溪榴山。龙溪濒海，又山多地少，遂演为"闽商海贾"世家。为求发展，郭氏派子弟赴海外各地定居设行，仅谱中所记殁葬于台湾、菲律宾、婆罗洲、爪哇诸地的就有百多人。乾隆年间，其十四世郭梦斗（字辰斋）来沪定居，设立郭万丰船号，经其子郭榴山等人的努力，至乾嘉之际，已成为拥有十多条洋船和丝茶庄、木行、银号、钱庄及大量房地产的巨商。所谓洋船，据郭老解释，其不同于专走北洋线沿海的平底沙船，洋船尖底，吃水深，经得住远海中的风浪，船体也较沙船大几倍。投资沙船，大约1艘一万两白银，投资洋船则多得多。出海载的

城市之光

是丝绸、土布、茶叶、瓷器、药材等，带回的则是象牙、珍珠、香料、珊瑚、燕窝等。郭老又告知，家中原本保存了自乾隆年创办至1956年公私合营止的全部账册，1966年被抄家者付之一炬，只留下了前述残册。对此，郭老说得很伤感。作为一个史志工作者，笔者同样扼腕不已，那把火烧掉了绵延200多年的上海港历史实证。

显然，"金利源"三字，乃是上海海外贸易的先驱之一郭万丰船号的历史符号，也是上海开埠前作为水大门和东方大港的历史遗址。

震撼码头的半夜炸弹声

多少年来，在十六铺码头上留下了无数的历史印记，也上演了可歌可泣、可悲可叹的人间活剧。

1915年8月17日子夜时分，上海各处已大多被漆黑的夜幕所笼罩，可金利源码头依旧灯光闪耀，人头攒动。一艘名为"新铭"的招商局客轮更是灯光通明，舷梯上，提箱肩包、扶老携幼的旅客上上下下，不一会该轮将启碇驶往天津。

将近零点30分，几个从舷梯上走下的戎装军官，顺着栈桥上了岸，四五个挎着短枪的护卫紧紧跟着。当这群人刚走近停在入口处旁的几辆华丽的大马车时，一道白色的闪电从他们的头顶飞过，"轰"的一声，在离他们约10米处炸响。顿时，码头上大乱起来，金利源货栈墙根处多出了一个大洞，距此不远处还躺着一个人，鲜血正从他身体右半部冒了出来。

第二天，上海大小报刊在"本埠新闻"的头条位置，刊出了上海镇守使郑汝成遇刺的消息。原来，这天是郑汝成送妻儿回静海老家。刺客从码头登轮处扔出一枚炸弹，只因用力太猛，郑氏一行毫发无损，一位正在兜生意的黄包车夫唐恒子，却被炸断了右胸肋骨和右臂。

就在爆炸的那一瞬间，负责护卫的侦缉队长翟世清，看到码头上有一个人向下一蹲，旋又站起，飞快地窜上舷梯。翟世清迅速带了郝树林、戎仁生等4名护卫，冲了过去，很快将此人扭获。这是一个30多岁的男子，穿了一身旧军装。说来也巧，卫士中竟有人认识他，知道他叫高振海，湖南人，原为13团的士兵。

因地属法租界，高振海当即被押入小东门巡捕房，至晨转押大自鸣钟捕房。审讯中，高并未吐露多少情况，但身份既已暴露，侦探们迅速查明案情。数日间，王克勤、郑道华等在九亩地和孟纳拉路（今延安东路西段）1120号相继被捕。

原来，这是由萧美成主持的革命党人反袁世凯起义计划中的一次行动。萧美成，字国卿，湖南湘乡人，少年投笔从戎。因不满清廷腐败，1911年任上海道署卫队长时，参加上海光复，任光复军连长。后又参加南京"二次革命"。1914年加入中华革命党，广泛联络帮会与旧友，准备起事。1915年春赴日，孙中山接连三次召见他，委以"江苏都督"之职，负责苏沪起义。返国后，他集结万余人，在沪、苏设机关20余处。鉴于郑汝成镇压革命穷凶极恶，袁世凯在沪喉舌《亚细亚报》鼓吹帝制不遗余力，遂制订了分步实施的起义计划。由郑道华负责实施的刺郑即是第一步。

郑道华，庐江（今合肥）人，中华革命党成员。1915年初来沪，先后住宝昌路宝康里（今瑞安广场处）52号、洽平里9号、白尔路52号等处，平时以字画掮客、纸花商身份在社会上活动。受命刺郑后，组织了巢县人王克勤及胡白金、蔡鸿喜、高振海等人，制造炸弹，寻觅机会。后结识镇守使署杂役、佣工黄生昌等两人，成功地掌握郑汝成动向。是日上午，黄生昌送出当夜郑汝成将至金利源码头送眷属返津的情报。郑道华即与蔡、王、高诸人在格洛克路（今柳林路）32号李少卿家进行准备，由蔡鸿喜用白毛巾包裹炸弹、藏身携带。

8月17日，正值奥匈帝国皇帝诞辰，郑汝成于下午5时赴奥驻沪领事馆祝贺，宴毕返回，才由参谋长赵联璜、淞沪警察厅长徐国樑陪同，送家眷登轮，于是有了前文所述的一幕。

刺郑虽告失手，萧美成他们并不气馁。9月11日，杨玉桥爆炸亚细亚报馆成功。连续的爆炸事件，引发了军阀当局串通两租界进行大搜捕，萧美成的荫余里总机关及几处炸弹工场相继被破坏。然而，萧美成还是义无反顾地发动了10月23日的南市起义。失败后，萧美成于10月30日被捕，次年1月27日牺牲。郑道华也在11月26日含笑赴义。

不过，郑道华牺牲时，郑汝成已在16天前的1915年11月10日被陈其美派人刺杀于外白渡桥堍。

宁绍商轮公司的五角船票

这是一枚宁绍商轮公司1929年发行的单程统舱船票，票价5角。乍看之下，除了作为代价券收藏，似无多大意义，但其中却包含着一则激奋人心的故事。这则故事就发生在十六铺轮渡站的南侧、大达码头的北半部，那时叫宁绍码头。

宁波及部分绍兴移民，是近代上海外来人口的重要组成部分，致使沪甬之间的客货运形成了一个巨大的市场。可是长期以来，这个市场被英商太古公司和官办的招商局所占领，后来法商东方轮船公司也加入进来。光绪三十四年（1908年），三公司一反过去的相互竞争，搞起了同盟垄断，单程统舱票价由5角飙升至1.5元，引起甬绍籍同胞强烈不满。经交涉无效后，虞洽卿等人发起集股自办公司，取名"宁绍"。先置一轮即名"宁绍"，后添一轮名为"甬兴"，往返沪甬间。此举获得沪甬两地甬绍籍居民热烈拥护，认股者多为宁绍两府主要商家。当时，黄浦两岸已无空地，宁绍欲觅一码头而不可得。多亏张謇帮忙，慷慨地让出大达码头之北半部，供宁绍商轮停泊上下。次年五月廿二日（1909年7月9日），宁绍轮试航吴淞，六

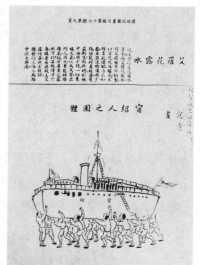

1929年的宁绍客轮公司船票正反面　　《图画日报》发表赞赏宁绍乡胞团结奋斗精神的图画

月廿一日（8月6日）正式首航宁波。试航之日，两江总督、江苏巡抚和上海道都派代表前来观摩祝贺，十六铺码头上人山人海，报上称有数万人。

宁绍商轮公司开张后一直到1929年，其单程统舱票价一直没有超出过5角，成了上海近代历史上的一大奇事。

宁绍能如此，全仗同乡纽带形成的强大凝聚力，成功地抵御了外来的压迫。早在公司成立之初，沪甬两地的甬籍团体纷纷议决，全力扶持宁绍商轮公司。如上海南市冰鲜业敦和公所就明确规定："同业贩运货物均装宁绍轮船"；"同业伙友往返沪甬，由本行给发宁绍船票，以昭划一。如违察出，向该行经理人罚洋二元，充作善举"；凡与之有交易的渔船鱼商，也由交易行邀集妥议，"嗣后往来沪甬，务须均坐宁绍轮船"，并由"售货之行，给送每船每蹚宁绍船票二纸，以尽义务"。议案还考虑到太古等对手会实行价格战，遂又议决如有

106

最低价者，即以最低价"向本公所易宁绍船票"，"本公所愿将公款津贴，以保权利"。洋布、纸烟等业也通过了类似公议。

果然，太古、东方、招商局三家为将宁绍挤垮，大打价格战。宣统三年（1911年），三家将单程统舱票价降至2角，进行亏本竞争，太古公司还向乘客赠送毛巾一条。宁绍公司资本弱小，难于对抗，但宁绍同乡组织集资10多万元，成立"船业维持会"，予以力挺。一方面，宁绍船票降至3角，由船业维持会补贴2角，帮助宁绍公司维持；另一方面，在同仇敌忾之激励下，乡胞们也宁愿多出1角坐宁绍轮。经过两年抗争，宁绍公司虽亏损了10多万两，但总算挺了过来。这便是这张船票的真实故事。

如今，上海的水大门迁到了吴淞和洋山深水港，十六铺码头成了上海水上旅游的集散中心。但十六铺之名依旧，并不时地让人们回忆起过去的岁月，并从那些精彩的故事中去领略上海的城市精神——自强、开放、坚韧。

城市
之光

金利源码头那些事

何兰萍

十六铺与码头的结缘

从地名学上寻根，"十六铺"首现于清代同治年间。为了防御太平军进攻，地方官员搞起了团练组织——将上海县城厢内外的商号建立了一种联保联防的"铺"。原本计划划分出27个铺，但因种种原因，事实上只划分了16个铺。其中以十六铺的区域面积最大，包括上海县城大东门外，西至城濠，东至黄浦江，北至小东门大街与法租界接壤，南至万裕码头街及王家码头街的广大区域。

过去，一些出版物写到十六铺时，只提到一个金利源码头。其实不然。1909年，上海县实行地方自治，各铺名称被取消。而此时十六铺已是码头林立，数量多达40多个，码头上停靠的船一只接一只，岸上各种商号、店铺、仓库林立，车来人往。来往旅客和上海居民口耳相传，将这里称作十六铺，该名称也因而沿用至今，码头便顺理成章地成了十六铺的全部。于是乎，在众多以老上海为题材的电影或电视剧中，我们总能听到十六铺码头的"雾晨汽笛"。袅娜的刘若英着一袭亮色的旗袍，从十六铺码头款款现身，搭上小东门的"有轨电车"，走向剧中人物张爱玲常德路上的那个家。其实，十六铺的码头只是十六铺的一部分，因为如上所述，在十六铺的区域内

王家码头

还有许多店铺、商号、仓库。

金利源码头数度易主

十六铺的码头远不止金利源一个，可一提起十六铺码头，不可避免要提到"金利源"三个字。清乾隆二十七年（1762年），福建漳州人郭梦斗来上海，在今天的阳朔街（即洋行街）开设万丰沙船号，经营南北海运业务。为了停泊船只，他在十六铺的黄浦江边建造简易码头，号称"金利源码头"，取义"财源利达通四海"。与此同时，金方东、金永盛、金益盛等3个船主，先后在十六铺一带建造砖木结构的踏步式简易码头，停靠船只、上下旅客并装卸货物。

鸦片战争后，上海开埠，洋人接踵而至，洋行如雨后春笋般在沪上落地生根。1862年，美商旗昌轮船公司在十六铺北首（今上海

金利源码头

港客运站码头）租地，建造旗昌轮船码头，并合并了金利源码头。从表面上看，金利源码头已经摇身变为外商产业，其实不然，其中华人巨商拥有数量可观的股份，如南浔丝商顾福昌就是其中之一。

顾福昌（1796—1868），人称"顾家老六"，是南浔的"四象"之一，道光初年，顾福昌打算到上海碰碰运气，到了上海之后，他发现，此时的上海虽未开埠，但已有不少英美商人前来通商。这些商人初来乍到，言语不通，风俗不明，急于寻觅经纪人。于是，顾福昌留了下来。经过多年的与洋人打交道，他渐渐练就了一口流利的英语，成为上海早期的丝通事。

1843年，上海开辟为通商口岸，湖州蚕丝不再取道广州，改由从上海出口。顾福昌立刻在四马路开设顾丰盛丝号（后改为"顾寿泰丝栈"），与南浔旧店遥相呼应，专门经营出口业务，成为在上海发迹最早的南浔丝商，进而成为上海丝业的领袖人物。1860年，上

110

码头工人在休息

海丝业会馆成立，顾福昌成为董事。1862年旗昌轮船公司建造新码头与合并金利源码头时，顾福昌便是大股东之一。1868年，顾福昌病逝。好友徐有珂在为他所著的墓志铭中这样写道："其卒也，花旗国领事馆命挂半旗，此为外国隆礼也。"英美两国领事馆下半旗为顾福昌致哀，足以证明他在外商中的声誉和地位。

旗昌轮船公司一度是上海滩新兴轮船业之翘楚，可惜好景不长，终究竞争不过1872年洋务派兴办的轮船招商局，于1877年被后者分期收购，金利源码头作为旗昌轮船公司的产业一道并入招商局。与此同时，轮船招商局又将华商金姓四码头并入招商局，统一定名为"金利源码头"，又名招商局南栈，亦称招商局第三码头。

1937年，轮船招商局将产业转让给美商伟力韩公司，该码头便易名为"罗斯福码头"。太平洋战争爆发后，日军占领十六铺码头，改名为"江西码头"。1945年，码头由招商局收回，作为该局第三码

111

头，改回"招商局第三码头"。1949年收归国有，称"中国人民驳船公司第三码头"，1952年定名为"十六铺码头"。20世纪80年代，十六铺客运站经过大规模改造，成为当时中国最大的水路客运码头。2003年9月，所有客运线路被迁移到了位于黄浦江和长江入海口交汇处的上海港吴淞客运中心。2004年12月初，十六铺码头被成功爆破。至此，十六铺码头告别了辉煌的客运时代，"金利源码头"也随之彻底从上海人的视线中淡出。

金利源码头业权纠纷案

金利源码头收归轮船招商局后，成为北运漕粮的集中转运站。每年秋收之后，一直到第二年的四五月间，满载漕粮的帆船从苏州、常州、松江、嘉兴和杭州等地源源不断地向该码头集结，等待换装轮船北运。当时囿于码头狭小，无法满足漕粮旺季的运输需求，招商局一直想加以扩充。但是，在"三方四界"的近代上海，扩建码头谈何容易。

1880年，招商局试图购买金利源码头南首本属于英商宝顺洋行和法国天主教三德堂的地皮。招商局向法国总领事提出申请之时，法国总领事满口答应。于是，1881年和1882年招商局陆续买下了上述两块地皮，准备扩建码头。然而不知是何原因，此事后来传到法国外交部，法国外交部对于中国人在法租界取得土地所有权，表示强烈反对。它训令法国总领事说：准许招商局在法租界有购地的权利，"足以危害上海法租界的命运，而且在文字上、精神上也违反中法条约"。继而又蛮横地说："我竭力嘱咐你，以后不许中国人在法租界有伸张土地所有权的权利，因为这块土地原是由中国政府保留予法国人和其他外国人住的。"之后，法国外交部再次嘱咐法国总领事，对于招商局的要求"要依本训令的意思，严密婉拒"。就这样，虽经反复交涉，招商局购买土地的要求仍无法实现，最后只能向宝顺洋行和三德堂租用。

法国政府不仅对招商局购买土地加以阻挠，在招商局申请滩地升科问题上，也加以刁难和破坏。何谓升科？明清规定，开垦荒地满年限（水田六年，旱田十年）后，就按照普通田地收税条例征收钱粮。科者，科税也。按照规定，黄浦江岸边的涨滩，可升科为土地，而升科之后的土地所有权归政府，属于官地。1883年，金利源码头往南有一大片滩地，招商局捷足先登，以唐廷枢为代表向上海县申请升科，上海道台知会英、美、法等国总领事，并派人丈量土地。道台认为该地毗连租界，坐落于繁华之地，因此要求招商局每亩缴银25.8万两，作为升科的税款。当招商局要缴付银钱时，恰遇1883年金融风潮，唐廷枢以无款可筹为由要求道台通融。为避免洋人捷足先登，招商局请求上海道台先行发给升科印照，即土地使用权，道台同意照办了。

在领得升科印照后，招商局花费60多万两银子建造码头。可是在1884年，毗连的法国邮船公司和天主教三德堂明明知道升科的土地已为招商局购买，却向法国驻沪总领事提出承购这片土地的要求，且要求上海道台发给道契（即地契）。上海道台当即告诉法国总领事说，这块土地早已为招商局购买。这时，法国总领事向上海道台提出抗议："唯有法国邮船公司和三德堂神父们才有权获得涨滩的所有权。因为这涨滩是他们地产的接壤地。"接着，法国总领事竟然还提出要上海道台取消给予招商局的地契。此时的招商局，正在沾沾自喜，因为梦寐以求的地契终于到手了，马上就要扩建码头了，根本没有心思理睬法国总领事。

关于这片涨滩的所有权，法国总领事与上海道台往返交涉了好几年，一直没有解决。新添地基滩地（又称"涨滩"）是在上海县境内，毗连招商局执业之地7亩，毗连法国邮船公司的有3亩7分2厘，毗连三德堂的有1亩2分8厘。涨滩明明属于中国领土，是在上海县境内，隶属上海道台管辖，法租界当局根本无权干涉，与法国政府更加不相干。但是法国政府无理取闹，硬说涨滩应该由毗连土地的所有者优先承领。

在上海交涉未果，法国驻华大使转而向清政府总理衙门施加压力。总理衙门原则上同意招商局的理据，以洋人不许在中国领地上置地为由，反对法方提出升科占地的申请。但是，当时中法战争刚刚结束，法国方面态度十分强硬，清政府在外交上再次屈膝，对这片涨滩所有权的争执只好退让。上海道台迫于压力，只得吊销几年前发给招商局的升科印照，转发地契给法国邮船公司和三德堂。金利源在这里扩建码头所使用的土地，改为向法国邮船公司和三德堂租用。

可是，这桩公案到这里并没有完结。法国邮船公司的土地后来由招商局购买之后，三德堂却拒绝出售。原因是这片涨滩地处黄浦江边，属于稀缺资源，地价疯涨，租地比卖地更合算。在这种情况之下，招商局只能租地，于是双方签订租约，时间为25年。1930年，租界出现畸形繁荣，地价暴涨，三德堂的神父就不顾之前已订合约，借口招商局应缴的租金拖延四天，不声不响地聘请律师向法租界会审公廨提起诉讼，要求解除租约。会审公廨本是法国人所设，目的是庇护在华法人，其审判结果可想而知。果然，会审公廨作出判决：取消租约，勒令招商局将租地交还。

金利源码头自新开河一直延伸到十六铺沿江，所租三德堂土地，恰恰位于这一带码头中间。如果三德堂把土地收回，金利源码头便会被拦腰斩断。招商局对此不服，也聘请律师进行诉讼，但无济于事。此消息一传出，不但金利源码头职工感到气愤，整个上海乃至全国老百姓都义愤填膺，纷纷要求国民政府收回租界，取消会审公廨，发还当年吊销的滩地执照，恢复金利源码头对这片土地的所有权等。面对如此强大的舆论压力，法租界当局和三德堂的神父们害怕此事拖下去对自己不利，便表示愿意将土地卖给金利源码头，但索价不菲（390 000 两）。招商局无法接受如此之高的地价，谈判就此搁置。不久之后，抗日战争爆发，此事最终不了了之。

2004年底，随着十六铺客运码头候船大楼和申客饭店的成功爆破，听闻汽笛长鸣便成为了一种奢望，滚滚浓烟从烟囱冒出、吹向码头上等候人群的画面也已消失了，一眼望去，那座码头平坦得让人怀疑十六铺是否存在过。但十六铺码头的往事至今仍印在许多老上海的心中。

城市
之光

昔日小东门外的洋行街

施海根　张美丽

　　旧时的上海人，称欧美等国家的外国人为"洋人"，他们国家生产的货物叫"洋货"，这些外国人在上海的公司、商行被叫作"洋行"。然而，清代上海城小东门外有条洋行街，且还有"外洋行街"和"内洋行街"两条街道的称呼，有人往往就会提出一个问题："这条洋行街与外国人有啥关系？"其实，它与昔日的洋人、洋行毫无关系，而与上海的金融、港口的发展却有着密不可分的关联。

　　上海的经济发展，首先得益于小东门外的黄浦江，是黄浦江哺育了上海，故上海人称它为"母亲河"。清朝初期，清廷为防南明政权，实行"海禁"，上海的海运因此受阻，发展缓慢。后来，政权趋稳，海禁解除，南北海运发展迅速。时至乾隆、嘉庆年间，上海往来南北海运和长江内运的船只，就有3 000余艘，各地沿海商人来到上海，以他们的特色产品占领上海市场。小东门、十六铺外"舳舻满江""桅樯林立"，各地商人纷纷在此处借房、造房、开设商行，从事批发销售，逐渐形成了食糖、海味、南北货、水果和水产品等的批发市场，人称洋行街。上海的沙船北至大连、天津、烟台、营口等港口，南至宁波、温州、福州、广东及东南亚各国，从长江内河直至南京、芜湖、安庆、九江、武汉等港口城市，最远至四川的万县。据嘉庆《上海县志》记载：上海已是"东南之都会""江海之通津"。

上海港口的形成，沙船作出过重要的历史贡献。最多时有3 500余艘。后来，各地旅沪客商日多，为了互相帮助，以敦乡治，在沪建立会馆、公所。广东潮州府的海阳、澄海和饶平三邑的商人集资，购买了洋行街旁3亩5分7厘的土地，建造了一座潮州会馆，作为同乡办公、议事之所。苏氏兄弟（本炎、本浩等）也来沪经商，开设花糖、海味商行，还借用城隍庙西园的点春堂办公。至清光绪年间，又办了男中、女中和小学等三所学校，为发展教育、振兴中华作出了贡献，受人尊敬。

可见，小东门的洋行街一带早已成为闹市，故有"一城烟火半东南"之说，比城隍庙一带热闹多了。清同治年间，上海法租界当局乘太平军东进，清朝地方政府又处于半瘫痪状态之际，要挟清廷，把包括洋行街在内的十六铺划进了租界。法租界实现了第一次扩张。直至抗战胜利，洋行街才改名为阳朔路，继续发挥上海土特产交易市场的作用，经营品种有六大类，共有200多家商户，职工有一两千人。

新中国成立后，政府于1954年至1956年实行社会主义改造，洋行街多数商户被改为居民住房。

20世纪90年代初，浦东开发开放，在陆家嘴建设金融区。与其隔江相望的洋行街以及十六铺一带，现已绘就了开辟金融带的蓝图，将成为上海金融区的重要组成部分。

城市之光

"三大祥"竞争个个有绝招

严久祖

早在明清时期，上海的棉布贸易就有"木棉文绫，衣被天下"的美称。到开埠时，十六铺大小东门一带从事批发零售的商铺就有十余家。道光三十年（1850年），上海第一家经营洋布的同春祥洋布庄就开设在大东门外，从此开启了洋布批发和零售的销售竞争。后来，享誉海内外的棉布零售商店"三大祥"，就诞生在这样一个充满竞争的市场环境里。

"三大祥"鼎立十六铺

1912年成立的"协大祥"绸布店，是从原来经营批发的"协祥"洋货号中分出的一家新店，最初开设在南市的小东门外大街。由于股东们希望将来把店开得更大，所以就在原来的"协祥"两个字中间加上了一个"大"字，开始叫"协大祥"洋货号，主营绸布。协大祥开业时的资本只有1.2万两白银，店经理由原来协祥的二柜（相当于现在的营业部副主任）孙琢璋担任。在第一次世界大战期间，协大祥的每天营业额就达1 500元左右，而当时的小型零售布店的营业额每天只在一二百元之间。到1929年，一年盈利就可达白银5万两，后来协大祥一直是上海绸布业的龙头老大。

经过近十年的经营，协大祥的生意越做越大。1924年，以丁方镇为首的一部分股东就在协大祥的旁边又合伙创办了"宝大祥"绸布庄。到了1929年，协大祥以丁大富为首的一些股东，又在小东门一带开设了"信大祥"绸布店，主要的资本还是来自协大祥原来的股东。这样，在市面兴旺的小东门地区就形成了绸布行业"三大祥"鼎足而立的局面。三家绸布店在资本上可以说是你中有我，我中有你，在经营上则是你来我往，各有所长。

协大祥广告

协大祥开业在前，基础稳固，因此在竞争中往往拔得先筹，是"三大祥"中的巨擘。

"三大祥"都是老店新开，经营者对老店原有的一套经营模式都谙熟于心。为了将新开设的绸布店经营得更好，他们均对原来的一些陈规陋习进行了改革：比如废除了旧式暗码标价、使用旧尺（每尺只有九寸八分）、三节收账的赊账式的经营方式，在店堂里高挂着"诸亲好友概不暂记"的水牌，凡是遇到零星的欠款也要具体的经手人自己承担责任。对货品开始实行明码标价、"真不二价"的办法，概不讨价还价，在当时的绸布零售中开启了交易买卖的新风。在交易的宣传上，协大祥的孙琢璋打出"足尺加一"的旗号，有时甚至还将部分商品用低于进价进行销售的办法来吸引广大的顾客。如将畅销的十六磅天字粗布以低于进价每匹一两角的优惠价销售，比以前的促销手段确实高出一筹，使协大祥的销售额长期领先于同行。

后起的宝大祥、信大祥也同样跟进，采用这种方式来吸引顾客。一时间，这种销售方式弄得当时小东门一带的同行在经营中不能适应，走投无路，在短短的几年里纷纷关门打烊。

在具体的交易上，它们又各有一套自己的经营方法。如在进货中，协大祥因为资金雄厚，门市销售量大，所以它的每一次采购量都较大，显示出买卖交易时大刀阔斧、较有气势的风格。协大祥在经营中还坚持以销定进的原则，不肯做冒险性的卖空买空，在进销中保持稳健作风，以至从开张到1922年的十年多的时间里，获利就达16.5万多两白银，为原始资本的13倍多。宝大祥则体现出调度有方、精打细算的态势，它往往多进热门货，少进冷门货，使自己的存货中很少有滞销品。遇到同业的小店关门打烊时，就会盘下它们的全部存货杀价出售，既能获得一点利润，又能赚得大量人气、塑造销售旺盛的形象。

宝大祥合围协大祥

"三大祥"之间的竞争，最重要的是经营人才的竞争，三方往往互挖墙脚。如协大祥在竞争中就把宝大祥的职员章国祥、张润生挖走。同样，原在协大祥的营业员席伯铭、张兰亭则被宝大祥挖去。这种互挖墙脚的争斗，导致了"三大祥"的老板把自己店里的得力职工看管得更加严密，生怕自己的人才被人挖走。像协大祥的职员孙永贵，虽与宝大祥的老板柴宝怀、丁方镇两人有亲戚关系，但为了避嫌，就是家属的婚丧喜庆也不通知。

1924年，协大祥店主的房东要翻造房屋的信息，被已经独立出去的宝大祥店主柴宝怀、丁方镇等探得，他们马上与房东振源经租处联系，提出愿意用巨资挖租协大祥的店基。房东认为店基已经是市场上的紧俏货色，更是放胆向协大祥的老板开出高价，逼得协大祥

120

的老板只得挽请中间人向房东说情，最终被狠狠地敲上一笔，付出规银7 700两作为房东翻造新屋的贴造费，总算保住了协大祥原先的三间店基面积。柴宝怀、丁方镇见挖掉协大祥店基的计划没有得逞，也只得以退为进，租下协大祥东隔壁的两开间店面，并仍以大股东柴宝怀的"宝"字取招牌，开设了宝大祥绸布庄。协大祥的店主闻得宝大祥的动向以后，同样还以颜色，他千方百计租下宝大祥后门的房屋作为协大祥的厨房，形成了对宝大祥包抄合围的态势。这样一来，宝大祥就被阻断了将两间铺面的营业场地向后拓展的可能性，协大祥就可以保持自己原有的三间铺面的优势了。

宝大祥店面发展受到钳制，自然感到十分窝囊。不过天无绝人之路，办法总是有的，于是它就千方百计地开始增设分店。1925年重阳节，宝大祥对门的名叫新兴昶的布店不幸失火，店铺被烧毁。宝大祥立即

宝大祥呢绒洋布庄

宝大祥广告

城市之光

下手，出订费银600两订下租约，将店面收入囊中。1926年新屋落成，开设了宝大祥南号分店。1927年宝大祥又盘进了原有的鼎丰布店开设了西号分店。1928年，宝大祥南号毗邻的一家店铺又遭火灾，宝大祥马上就和原房主进行接洽，出价2500两银子，并付出定洋，顺势将原来仅有两开间的店面扩大为五开间，从此就压倒了协大祥的三开间门面。在五开间门面的新店开张时，宝大祥采用好货贱价的促销手段，像一尺绒布就比隔壁的协大祥要便宜两分，当场就吸引了大批顾客，营业蒸蒸日上。仅小东门一地，宝大祥就开出了三家共九间门面，在规模上对协大祥形成了不小的压力，在店面的布点上对协大祥造成了合围之势。

协大祥力压宝大祥

面对宝大祥的咄咄逼人的态势，协大祥憋着一口气，时时谋求要在店面布局上冲出重围。5年以后，机会终于来临。原来协大祥获悉，宝大祥南号新租进的两间和旁边毗邻的五间店面，房主将一起翻造这七间门面房子。财大气粗的协大祥一下子就出价1.7万两银子（这笔钱差不多是这些房屋的全部造价），以闪电般的速度与房主签订了七间店面的承租合约，把宝大祥的这七间店面全部收入自己的口袋。任凭宝大祥的店主再三提出协商，要求保留宝大祥原有的五开间门面，协大祥就是寸土不让。在以后的房屋翻造中，宝大祥仅剩的三间门面的店铺还因旁边的新屋加做地基时地面震动，屋基下沉，店堂的门板因此两次被迫截短一块。更苦恼的是，由于店面从原有的五开间被重新压缩成三开间，悬挂了多年的宝大祥金字大横批招牌也不得不截短，变成了"砍招牌"，犯了商家大忌。协大祥呢？一下子捞进的七开间的店面，自己用了四开间，力压宝大祥一个门面，还有三开间转手高价租给了上海另一家著名店家——野荸荠糖果店，

122

既打压了自己的宿敌宝大祥，又捞到了经济上的实惠。当然，协大祥和宝大祥之间的对立情绪由此更加尖锐了。

1933年，协大祥新店落成开张，在小东门外大街的店面也有了两个。新老两店同时把各种货品的售价压低，将平时的毛利率下降百分之五至十。在普遍的降价外，协大祥还专门打出"牺牲品"的旗号，把一批商品的价格压得特别低廉，如香云纱裤料每条只售六角，线绨裤料每条只售四角，纱条布每丈只售铜元五枚。协大祥对外宣布，以上"牺牲品"全日发售，但是每人限购一条。结果完全在协大祥店主的意料之中，在开张的宣传阶段，协大祥生意特别兴隆，在营业上出足了风头，而对手宝大祥的业务却因此遭到了不小的打击。

为争老牌号打官司

在店面上受到协大祥的阻击，宝大祥自然不甘心。三年以后，宝大祥和协大祥之间终于又引发一场争夺店家牌号的官司。缘由是1936年10月宝大祥在小东门城内筹设"老协大洋布庄"，已经向上海市社会局提出申请注册，因该申请漏写了地址，申请书被退回补写。这样一折腾，协大祥店主闻讯后，便抢先在11月向社会局提交了将协大祥新号改为老协大祥的申请注册。当宝大祥在12月再向社会局重新申请注册时，协大祥的改名申请注册已经获得批准。由此，一场持久的官司爆发了。先是协大祥聘请律师对宝大祥总经理丁方镇等企图仿冒牌号筹设老协大洋布庄提出警告，在律师函中，协大祥称："本号开设有年，已经呈准实业部注册在案，素以价廉物美，为社会所信仰。兹有丁方镇等意图仿冒本号牌号，矇请主管注册，均经批驳在案。乃现竟在与本号同一街道悬挂老协大洋布庄露布牌，显属有意仿冒他人注册之商号，为不正当之竞争。本号为维护法益起见，请贵律师等代为登报警告丁方镇等迅速将该露布牌撤除，中止其仿冒行为，免滋纠纷。"对此，宝大祥次日就进行了反击，同样延请了律师，登报发表了主题为"代表协大祥老股东对协大祥同记经理孙照明等警告之警告"的声明，文中称："根据当年原议据，协大祥后局应加同记营业，不得擅用老协大祥名义。本号是协大祥老股东，有合法权利可以使用老协大牌号，并不冒牌；况主管官署正在研究，所说已经批驳在案，毫无根据，显见妨害本号利益，混淆是非。为维护本号法益起见，请贵林女士代为登报警告协大祥同记孙照明等迅速将老协大祥牌号撤除，回复同记字样，中止其不正当行为，免滋纠纷。"

之后，宝大祥与协大祥继续在当时的地方法院和南京实业部不断申诉。据说宝大祥为了申请老协大洋布庄的牌号，花去了法币七八千元，而协大祥为了要制止宝大祥仿冒牌号，更是花了加倍的法币。最后，这场官司以协大祥获得胜诉而告终。宝大祥店主策划的老协大洋布庄是开不出了，于是重新改名为"协号绸布庄"来经营。不久之后，日本侵华战争的战火延烧到了上海。日军的铁蹄侵入南市，居民开始四散逃难，小东门的商业一落千丈。协大祥首先在租界里的金陵东路开设分店，宝大祥则把小东门的宝大祥新号和协号绸布庄合并在一起，迁入金陵中路经营，两家开始了新一轮的竞争。

信大祥经营闯新路

信大祥是1929年由协大祥的职员丁大富在职工中集资开设的，他原先是协大祥经理孙琢璋的亲信。信大祥创办之初，孙琢璋并不看好，但得到协大祥的股东陈维贤的支持。由于筹集的资金不多，一些股东要求丁大富去请协大祥的老板孙琢璋参股，以壮大实力。后来，这一招居然获得了成功，协大祥的老板孙琢璋也成了信大祥的大股东。

　　不过，股东归股东，竞争归竞争。信大祥的经营以灵活闻名。商店进货时就注重品牌，尽量与名牌商品厂商签订合同，然后对该商品独家经营。对顾客更加注重感情的交往，凡是他家乡舟山、岱山、嵊山的顾客来店，只要提供货单，一切服务均可由商店代办。在商品的定价上注重调查研究，价格往往略低于同行。门市零售也实行足尺加三，

信大祥广告

信大祥迎来公私合营

125

从不短少，以招徕顾客。在广告上也加强了力度，包下了电台的黄金时段，聘请了著名的滑稽演员姚慕双、周柏春演出节目，扩大信大祥的知名度。这样一来，信大祥尽管在资本上受到协大祥的掣肘，开办的时间也最迟，但还是在"三大祥"的竞争中站稳了脚跟。特别是在1938年，信大祥还在"三大祥"中率先冲出原先十六铺小东门的重围，在上海商业最繁华的南京路上开店经营，迫使协大祥和宝大祥只能跟进南京路，从而开始了"三大祥"的新一轮竞争。

　　在新中国建立以前，"三大祥"在上海共开设了9家大型绸布店，在经营中倡导了一系列新的理念，其营业的影响遍及全市，营业额几乎要占全上海零售布店的四分之一到三分之一，一直是上海绸布业名副其实的龙头老大。

城市
之光

市轮渡"东东线"沧桑录

吴健熙

　　位于十六铺地区的东门路与对岸的东昌路一带，均为20世纪30年代沿江华界的商业闹市，其纷繁杂沓程度，尤以十六铺地区为甚。早在市轮渡"东东线"开辟前，十六铺就以渡客众多、民渡业发达而为浦江各渡口之冠。但民营济渡在两岸均无自用码头，浦西借用招商局新江天码头，浦东借用鸿升公司码头，而此两码头除供渡船

早期黄浦江上用木船摆渡

东门路轮渡站

改革开放后修建的东门路
轮渡站暨市轮渡公司大楼

靠泊外，还供其他轮船停泊，故渡客上下深感不便，且多有危险。有鉴于此，上海市轮渡管理当局于1928年兴办对江渡之初，便已筹划在此开辟对江轮渡，只因东昌路码头岸线问题，迟至1933年2月23日，才开通东门路至东昌路之"东东线"。

东门路轮渡码头所在位置原系十六铺粪码头。1929年4月，上海市政当局趁十六铺原有之集水街、方浜路改建为东门路之际，将粪码头迁移，腾出空位以建造市轮渡码头。1931年2月，浮码头竣工。因该码头位于水果业码头及宁绍、三北公司租用的公用局一号码头之间，开通之初，岸线颇显局促。

1937年抗战爆发后，十六铺一带沦于日寇铁蹄之下。"东东线"停航，轮渡改自东昌路码头北驶靠泊浦西北京路码头，此为敌伪时期上海市轮渡仅存的一条对江渡线。而原"东东线"两岸轮渡码头设施均惨遭毁坏。

抗战胜利后，"东东线"于1945年12月1日复航。

上海解放后，"东东线"轮渡虽经几次小规模改建，但终因受岸线限制，陆域腹地窄小，无法扩建，以致高峰时段进出口通道拥堵，乘客险象环生。1983年9月20日，新建的东门路轮渡站暨市轮渡公司大楼正式启用。1993年11月30日又扩建启用了东昌路轮渡站。随着十六铺地区综合改造工程的实施及世博会顺利召开，"东东线"已完成了它的历史使命。

城市
之光

苏河湾探源

朱 芬

"苏河弯弯入浦江，闸北拥有四个弯。"

"苏河湾"，是近几年崛起的一个新地名，指的是原闸北区铁路以南的地块。这是原闸北区人民政府划定推出的一个开发区，以河南路桥至长寿路桥的苏州河道形状而定名。据笔者所知，其名始于"东方网"2007年2月6日《苏河湾——上海水景新名片》一文，如今已愈来愈频繁地出现在媒体和人们的话语中了。

探究苏河湾地块的来历，还须从古今吴淞江与黄浦江的相互关系说起。简言之，那是古吴淞江的恩赐。

黄浦江是近代上海的"母亲河"

人们常说"黄浦江是上海的母亲河"，此说其实不确切，应当说"黄浦江是近代上海的母亲河"。因为上海设县已有700多年，而今黄浦江尚不满500岁。"黄浦"之名，首见于北宋《太平寰宇记》，再见于南宋淳祐十年（1250年）高子凤《积善教寺碑记》，且此黄浦尚非今黄浦。据清嘉庆《松江府志》载：宋元之际的黄浦由今闵行东流，从"闸港、新场入海，阔仅一矢之力"。一矢，就是百步，合今160米。而吴淞江则非常宽阔，据古文献说唐代"广敌千浦"、宽20里，

图中央深色部分即为苏河湾地区

宋元时亦有9里、5里。况此"一矢"尚属虚写，未必真达160米。有人可能会问：黄浦不是名黄歇浦、春申江、申江，由战国四公子之一楚春申君黄歇所凿吗？对此传说，历史地理学家谭其骧教授曾幽默地反诘："春申君在海里挖条黄浦江干什么？"因为今天的上海市区在唐代以前还是大海。

　　古代上海的母亲河是吴淞江。吴淞江，古称松江，是否就是《尚书·禹贡》所言"三江既入，震泽底定"的三江之一，学术界并无定论。但汉魏以降，松江已是太湖最大最重要的泄水道了，其名至少出现于西晋，下游称沪渎，河口称沪渎海、沪海、华亭海。随着上海地区成陆东延，沪渎与河口也不断东移，西晋时在今青浦白鹤一带，南宋初至江湾，至宋末，据咸淳《玉峰续志》，吴淞江入海口北在"吴淞口",南为"南跄口"。

明初,因吴淞江两岸开发过度,河道或湮或塞,淀湖以下尤其浅狭,苏松水患不断。明永乐二年(1404年),工部尚书夏原吉奉命治理三吴水患,他采纳上海张宾旸、叶宗行等人的建议,浚疏位于黄浦与吴淞江间的范家浜、上海浦等河道,引黄浦水北流,在今复兴岛附近入吴淞江,冲刷淤积,谓"引浦入海";又浚浏河分吴淞江水,注长江,为吴淞江下游减压,谓"掣淞入浏"。

凡事有利弊,"掣淞入浏"于缓解水患有利,却降低了吴淞江自身冲刷的能力,加剧了下游的淤积。之后,因无法解决下游淤塞的问题,被迫放弃故道,另辟新路。明正德十六年(1521年)起,多次浚疏一条名宋家浜的小河,从今北新泾至外白渡桥,作为吴淞江新的下游,从此吴淞江成了黄浦江的支流,此谓"黄浦夺淞"。滚滚北流的黄浦之势自是"数倍于松江矣",崇祯间已阔至2里,为上海成为近代东方大港创造了条件,所以说,黄浦江是近代上海的母亲河。能反映这一变化的实证就是,明明是黄浦入长江之口如今却称"吴淞口",这一名不符实的现象令昧者疑其所以,而知者叹其沧桑。

吴淞江是上海的"外婆河"

江浦干支易位,更加速了吴淞江故道的萎缩,于是大片芦荡滩地出现了,晚清时,从叉袋角顺虹江路沿线均是芦荡湿地。故道中残存的水流成了诸多新的小河道,流经今苏河湾地块的昔日川虹浜及相距不远的虹江,就是其中的两条。虹江本名老吴淞江,后称旧江,为吴淞江故道之主流。随着开垦升科,而为农田村庄,再随着上海近代化,又成为熙攘的城区。此后本名宋家浜的吴淞江新下游,有了"吴淞江"新名。鸦片战争后,洋人以其直通苏州而将其称之为"苏州河";道光二十八年(1848年),又因写进了英国驻沪领事

132

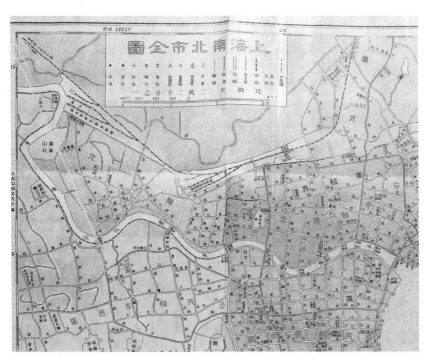

民国初年，苏河湾地块租界于华界并列图

阿礼国与上海道台麟桂所签的协定，遂成了官方名称。

吴淞江的整治截弯取直，特别是黄渡以下河道的屡屡改道，令历史记载与现实观感发生了诸多错位，本在江南的今成了江北，江北的又跑到了江南。唯有以旧吴淞江为界的行政区划没有大变化，旧吴淞江以南之地历海盐、华亭而上海、青浦，县下分乡保图；旧吴淞江北之地历昆山、嘉定而宝山，县下设乡都图。苏河湾地块大体以今西藏北路为界，东属25保，西属27保，都是上海县高昌乡辖地，这就表明它本在古吴淞江以南，而其中相当部分应是被开发了的吴淞江故道之地；北片若干升科后似属宝山，但都是吴淞江的赐予。如果说"黄浦江是上海的母亲河"之说已约定俗成，要改也难，那就应加一句"吴淞江是上海的外婆河"。当我们致力苏河湾开发的时候，是不应该忘记"外婆河"之恩惠的。

苏河湾地块归属之复杂

苏河湾地块自形成起，一直为上海县城外的芦泽村野之地。清康熙十一年（1672年）、雍正十三年（1735年），在今福建路、乌镇路与大统路的苏州河上建造了拦阻咸潮、调节水位的石闸，闸之北垸渐形成老闸、新闸两小镇，并有泥质官路分通江湾、大场、真如，成为北去宝山，西至嘉定、太仓的孔道。"两闸以北"便成了"闸北"之名的最初由头。咸同之交，太平军进攻上海，新闸成为拱卫上海之战略要地，遂建驻军兵营。其地为今华康路以西处，俗称"老营盘"，清末即其地建巡警总局，上海辛亥革命第一枪便在此处打响。随地块日渐发展，以其位处石闸以北，至清末便有了"闸北"之名。

苏州河河道

苏河湾地块是今闸北区南片，当然属于闸北。可在历史上，却既不等同于闸北，又不全属于闸北。从同治光绪年间起，苏河湾地块的隶属开始复杂起来。同治二年（1863年），其东南片，即沿25保与27保的界线（今西藏北路）、南川虹浜（后名新疆路，今海宁路）至甘肃路口，顺海宁路1050弄即原锡金公所西墙至墙之西北角，折东至浙江北路向北，至天目东路向东，接转武进路，其以东以南划为美租界，不久更名公共租界。自清末至租界收回，称"闸北"时一般不包括今苏河湾东南这片租界地块，该地块那时被称为"西虹口"。1913年，今苏河湾华界地块悉归新设的闸北市。闸北市很大，由上海、宝山各划一部分组成，凡公共租界以北，直至今四平路、汶水路、沪太路等虹口、普陀部分悉属之。1928年，闸北市改建闸北区，这是抗战前所称"闸北"的范围。1939年汪伪设沪北区，地又归沪北区闸北镇。租界部分于1943年后又属汪伪上海特别市第一区。抗战胜利后，今苏河湾地块才以西藏北路为界，分属第十五区与第十四区，后改北站区与闸北区。1956年两区合并，这才成为今闸北区（现已并入静安区）。

城市之光

老北站史话

王兆昌

这里所说的老北站，是指在1909年建成、到1987年搬迁的上海火车站。它存在了整整78年。

上海最早的"火轮房"

上海滩那么大，火车站应当造在哪里呢？这就要从先于沪宁铁路之前建造的两条铁路说起，一条是吴淞铁路，另一条是淞沪铁路。

吴淞铁路是中国最早的一条营业性铁路，南起今河南北路七浦路处，北至吴淞蕴藻浜南岸，全长约15公里，铺设的是762毫米轨距的窄轨铁路。1874年（同治十三年）动工，1876年（光绪二年）竣工，由以上海英商怡和洋行为首的27家英美商行组织的吴淞路公司所筑。该铁路南端的上海车站紧邻未园的前方（今河南北路），泥石垫高的地面上建有站屋3间，分别是售票房、行车房（公事房）与机器房（停机车），均为人字顶砖木结构，总面积不过100平方米。因当时人们称火车站为"火轮房"，因此俗称"上海火轮房"，车站工作人员和司机全部是英国人。这是上海最早的火车站。

这座车站的出现，对老北站的最终定位具有决定性的意义。

吴淞铁路通车营业仅一个月，就发生了一些事故，由于反对的声浪太高，清政府不得不在次年将其赎回，于是最早的上海站也随铁路一起拆除。后来河南北路拓宽成一条通衢大道，原来的车站就湮没了。

淞沪铁路上海站

铁路赎回后被拆毁了，但蒸汽动力那巨大的能量却让人折服。事实上，当时的国人也并非反对修铁路、开火车，而是反对外国人掌握铁路。

当筑造铁路的权力收回来以后，有些人便跃跃欲试了。在民众的呼吁声中，1898年，清政府主导建成了淞沪铁路，并将淞沪铁路上海站的站址设在上海县和宝山县的界浜（今天目东路）北侧、老靶子路（今武进路）北隅，即今西华路铁路口之东侧。当时，这里相当荒僻，很少有人居住。最初的站屋只有两间砖木结构的房子，为江南传统建筑式样，一间为售票房20平方米，行车房仅为售票房的一半，而旅客乘车的月台则是泥土夯制的。尽管车站很简陋，但毕竟是新事物，又是自己国家的，老百姓都踊跃乘坐，公子小姐自不待言，就连黄包车夫等平头百姓也来一赶时髦。

淞沪铁路上海车站对老北站的最终定位又起到了一个推动作用。最初的吴淞铁路承担着从吴淞口将货物驳运到租界的功能，所以火车站贴近租界。淞沪铁路是中国人建造的，因此火车站必须造在中国地界。于是，火车站便朝北侧开阔地带移动了数百米。沪宁铁路造好后，淞沪和沪宁两路需要接轨，火车站便自然又往西侧移动了数百米，确定了最终的定位。

老北站里故事多

沪宁铁路上海车站于1909年7月竣工，取名沪宁车站。这个车

沪宁铁路上海站的英式洋房

站与前两个车站相比，不仅规模宏大，而且气派华美。火车站场占地10.5万平方米；一幢4层英式洋房，占地1 950平方米，内有房屋76间，共5 000平方米，集办公、候车、售票于一体。这幢站楼为英国古典建筑风格，正面是两个对称的塔楼，外形简洁，凸凹起伏，窗户宽大；室内用深色的桃木做护板，板上有浅浮雕；大厅中央的售票亭为全木构造。广场开阔，面积达1 000平方米。开站初期，每天有10对客车出发和到达，1 000多名旅客在此上下，还有20车货物到达，棉纱、蚕茧、火柴、肥皂、时髦的服装、当天出版的报纸都由此向外地传输。

上海火车站（即老北站）在今天目东路上站稳脚跟后，上海城市的格局也发生了改变。首先，它有效地阻遏了公共租界向北扩张。租界从初辟起，就一直谋求扩张，向东北发展，向吴淞口挺进。现在，老北站设在租界的界路北面，简直如同天堑一般，从正北面堵住了租界当局向北扩张的势头。19世纪后半期的上海，是沿黄浦江向虹口、闸北、江湾、吴淞纵向发展的，如从空中俯瞰，我们发现

138

上海民军保卫沪宁车站

1937年遭日军轰炸后的北火车站

那时的上海是纵向的狭长的。而20世纪的上海，特别是老北站建成后，上海的北上势头戛然而止，转而向西去了，于是有了静安寺、卢家湾、虹桥、徐家汇的西区时代。假如没有老北站，王安忆小说《长恨歌》中的女主人公王琦瑶就可能不是生活在静安寺附近的弄堂里，而是生活在宝山的洋房里了。

从20世纪20年代末至40年代，连接上海和南京的沪宁铁路异常热闹。上海是中国最大最繁华的城市，行政大员、工商界实力人士频繁往来于南京和上海之间，上海老北站就成了高官巨贾们的必经之地。故而有时会发生一些恐怖事件，比如1931年王亚樵刺杀宋子文未遂而误杀了其秘书唐腴胪事件，就发生在这里。

1949年5月27日上海解放。次日20点50分，北站驶出上海解放后沪宁线上第一列客车。新中国成立后，车站恢复上海北站原名，并进行了改造和扩建，扩大候车室，改建出口处。1950年8月1日，更名为上海站，核定为特等站。

1966年学生大串联期间，红卫兵像潮水一般向北站涌去。他们直奔站长室，只须亮出红卫兵袖章和学生证，立马可换到去北京串联的火车票。与此同时，各地红卫兵也串联到上海，上海站整天处于乱哄哄的状态。直到该年年底停止串联后，车站秩序才慢慢恢复正常。

可是，到了1968年知识青年上山下乡时，上海站又呈现出非常忙碌的景象。在这里，一列列火车载着成千上万的上海知青，奔赴全国各地去战天斗地。

虽然上海站从它诞生之日起，就对上海的发展以及上海与全国乃至世界的交往做出了积极的贡献，然而，随着客流量的逐年增长，它越来越不适应形势发展的需要了。车站经过不断扩建、改造，但"乘车难"问题日益突出，成为社会关注的热点。进入改革开放的新时期，车站功能与实际需要更加不相适应，建设一个新的上海客运

20世纪80年代的上海北站

站已到了刻不容缓的地步。1984年4月，国务院批准上海新客站设计及概算，由铁道部、上海市政府共同投资兴建，当年9月20日，新客站在天目西路原上海东站处正式开工。从1987年12月28日24时起，上海老北站以其78岁高龄光荣"退休"。与此同时，一座宏伟、宽敞的上海新客站正式投入运营。

如今，天目东路上的老北站的站屋早已湮没在历史的烟尘里。2004年，铁路部门在老北站原址上按照原样以1：0.8的比例仿造了一幢红色砖瓦的英式建筑，创办了上海铁路博物馆。

141

说说苏河湾的老工业

史 欣

近几年崛起的苏河湾城区，原是上海老工业的重要发祥地。自晚清至抗战前，在上海经济发展中曾占有重要地位，这是苏河湾城区历史文化积淀的重要内容。

丝茶加工　独占鳌头

上海近代工业是伴随对外贸易而产生的。最早出现的是船舶维修和丝茶加工。船舶维修多在今北外滩及与外滩相对的浦东江边，丝茶加工即集中于今苏河湾的东南片。

道光二十三年（1843年）上海开埠后，迅速取代过去由朝廷钦定的广州，成为中国最大的外贸港口。当时最主要的出口商品是生丝与茶叶。1844年全国出口的生丝几乎全在广州；1845年上海就出口了6 433包，与广州的6 800包几乎相埒；至1850年，广州出口4 305包，仅占上海17 245包的四分之一。1845年上海出口的茶叶为广州的百分之五，十年后上海出口7 639万磅，几乎是广州的5倍。这是上海的区位优势所决定的，上海既位于中国海岸线的黄金分割处，又在贯流物产富庶的苏皖赣鄂湘川诸省的长江之口，而环周太湖流域又恰是优质丝茶之产地。

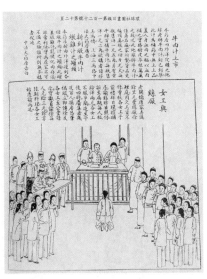

《图画日报》上刊登的长纶丝厂时事画　　《图画日报》上刊登的元丰丝厂时事画

　　大量丝茶从上海出口，缫丝制茶打包之类加工业务也应运而生。而苏河湾东南块，是同治二年（1863年）新辟美租界的西片，时称西虹口。该地块傍临吴淞江下游，紧邻黄浦江海运码头，辐射太湖流域，运输便捷，地价又较吴淞江南英租界低廉。显然，这里是从苏南浙北运来又欲从黄浦江出海的丝茶中转加工的绝佳之地。起初是外商于此投资办厂，较早的有1868年意商于今山西北路、北苏州路处设丝厂，光绪四年（1878年）美商于老闸北塊设立旗昌丝厂，1880年意商在文极司脱路（今文安路）设其昌丝厂等。其中，其昌采用机器缫丝，是上海较早的机制丝厂。之后，华商也在此设厂，自1881年黄佐卿在今北苏州路、甘肃路口设公和永丝厂后，华商丝厂大量涌现，晚清《图画日报》上就报道过新垃圾桥（今西藏路桥）北的长纶、唐家弄（今天潼路东段）慎余里的元丰、垃圾桥（今浙江路桥）北的乾康3家。同时，垃圾桥西有允余、公平，文监师路（今塘沽路）有马龙泉的震祥，阿拉白斯脱路（今曲阜路）有通伟

143

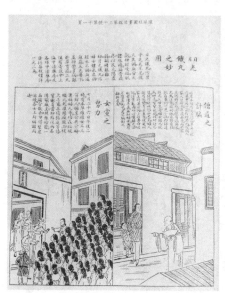

1909年9月10日《图画日报》刊登的乾康　中孚绢丝厂产品广告
丝厂工人罢工的时事画

等。由于丝厂大量集中于斯，宣统元年（1909年）苏浙皖丝厂营业公所便设于北山西路430号（后为山西北路576号）。

随之，华商丝厂开始向新闸以北延伸，特别是1903年，闸北商绅提出自辟通商场，并得到清政府批准后。该地片与东南片的租界同处吴淞江之滨，虽距海运码头稍远，但地价更低，自清末至抗战前，华商丝厂大量开设于斯。略加搜索，恒丰路有沈联芳的恒丰、刘桂珍的锦成以及恒昌新、绪昌福，光复路有久大、泰丰、绪昌，梅园路有绪永昌，大统路有钱少峰的新记、吴子敬的协和、曹承久的华纯、邬省三的长纶永记，民立路有天来，华盛路有华盛，长安路有元元、元亨、申纶、成泰、吴翥等，并由南向北，越过铁路，向永兴、虹江、中兴各路发展。据1921年统计，从长安路至中兴路，仅湖州商人所设丝厂就有27家。随着丝厂的发展，打包、绢丝、丝线、染织各厂也大量出现，如北苏州路有怡和源打包厂、恒丰路有天成新丝线厂、秣陵

20世纪初的茶
厂工人

路有中孚绢丝厂等，其中怡和源、中孚都是很有名的工厂。

制茶业状况大体相同，不过更集中于东南片租界中，如北山西路有同发祥等9家，七浦路有同泰丰、永祥等5家，海宁路有同春福、星源等。较早的如瑞春、源顺设于1906年，公升昌、廉吉祥设于1912年，生记机器制茶厂、隆和公、新华、许义兴、万成详、保太和等设于1918年，多集中于北山西路、七浦路、海宁路、北福建路、爱而近路（今安庆路）、北浙江路一带。"一·二八"之役，原设虬江路、香山路（今象山路）的一批茶厂亦迁入界路（今天目东路）以南的租界之中，据1936年统计，今苏河湾东南片租界中有机制茶厂18家，占全市总数的42.1%。当时，制茶业同业公会就设在北河南路景兴里47号。

丝茶加工工业之集中，反映了苏河湾地块在晚清民国初上海经济发展中的重要地位。

商务福新　风起云生

众所周知，商务印书馆是近代中国最大的民营出版机构，福新

北福建路上的商务印书馆

面粉公司是荣氏实业集团旗下的著名企业。但鲜为人知的是，苏河湾恰是商务、福新走向兴旺的风水宝地。

商务印书馆创办于1897年，创办资金仅3750元，地址为江西路德昌里末街3号。头几年经营并不顺当，1898年就因厂房失火而迁北京路庆顺里。经过几年的徘徊，到1901年还只是一家承印商务簿册的纯印刷小企业。1902年商务印书馆迁入唐家弄北福建路2号、3号，1907年迁宝山路新建馆址，并在以后的5年中，实现了从印刷小厂成为出版业大哥大的转变。商务先于1902年在此建立印刷所，继在北浙江路祥麟里设编译所，由蔡元培任所长，次年蔡氏辞职，继聘张元济。正是在这里，商务抓住了全社会兴办新式学堂的契机，以一部全国广泛采用的小学"最新教科书"，赢得了第一桶金。此后，不断拓展，不断扩大资本，1903年由5万元扩至20万元，1905年扩为100万元，为日后的更大发展打下了基础。

商务迁走了，大东也跟着得风水之利迁入。大东是苏河湾的一家出版企业，初创于1916年，地址设在蒙古路森康里，生意不太顺；后迁北西藏路公益里，也不顺当。1930年，大东编译、印刷各部门悉数迁入唐家弄的商务旧址，另在爱而近路设凹型印刷厂。当时资金也就是10万元，不料，仅两年即扩至60万元，成为仅次于商务、中华、世界的出版界老四。如此看来，对于文化产业来说，唐家弄确是一块起风生云的宝地。

果然不久，这里便形成了印刷特别集中的业态特点。仅以印刷书刊的企业而言，南川虹浜路（即新疆路，今海宁路）有天保里图书集成局、天鑫里5号沪江图书社、88号勤进书局；海宁路有三德里辛垦书店、590号华大书局；北西藏路有38号泰兴书局、276号四达出版社；七浦路有恒庆里21号联华书局，桃源坊有157号泰记书局、441号湖风书局；蓬路（今塘沽路）有1007弄12号艺术书店；华兴路华兴坊12号庆记书局，甘肃路有141弄6号槐荫山房荣记书庄，天潼路有葆庆里39号万叶书店，北山西路有551弄2号大众地学社，曲阜路上又有公兴书局等5家和新记制本厂，越过北西藏路，库伦路（今曲阜西路）上有强华印刷厂等。为此，印刷制本业同业公会设于北山西路530弄5号。

设在今苏河湾西南片长安路上的福新面粉厂，也是一个奇迹。福新于1912年筹组，1914年春开工，创办资本4万元，当年获利3.21万元，即回收投资80%，当年11月起办起了二厂。自此，雪球越滚越大，到1921年，8年间办了8家厂，资金总额达250万元，日产面粉7.05万包。至1928年，福新系统的8家厂，共有磨机280台，工人1500多人，日用麦3.62万担，生产能力占全国31.4%。这8家厂，虽只有第一家在苏河湾，但其他厂相距都不远。

与商务的崛起令苏河湾东南片印刷厂集聚一样，福新的成功也令粮食加工业集中于苏河湾西南片，成为这片地块的一大特点与历史传统。集聚环周的粮食加工企业甚多，裕通路上有朱幼鸿的裕通面粉厂，所生产的双龙牌面粉也具有一定的知名度；光复路上有致中和米厂、垃圾桥西北苏州路上有锦昌碾米厂等。30年代初的碾米业同业公会也设于光复路晋昌里，1935年迁库伦

福新面粉厂前的苏州河道已被货船堵塞

路212号。粮食加工业集中，致使苏州河上粮船云集，河道堵塞，并于乌镇路西沿光复路，至恒通路、汉中路，形成上海米市北市场。

名厂名人　可圈可点

盘点苏河湾的老工业，或厂或人，可圈可点者甚多，都是在上海近代工业发展史上，值得浓墨重彩大书一笔的。

例如公和永创办人黄佐卿，乃上海最早设立机制丝厂的华商，生产的厂丝在色泽和洁净度上都较日商为优，是沪上少数可与外商匹敌的华商企业之一，法商等洋行都争相与之订约；十年间，其规模从100台车扩至900多台，黄氏也被誉为"杰出的中国商人"，湖广总督张之洞曾聘他主持湖北缫丝局。创设恒丰等多家丝厂的沈联芳，所产"玫瑰""飞虎"商标厂丝远销欧美，故被推为苏浙皖厂丝茧业公所总理；旋又致力新闸以北地块的房地产开发与市政建设，是闸北自治与建设的领导人，曾任闸北市政厅副厅长、闸北慈善团总董、上海总商会副会长。荣氏集团高管、福新股东王禹卿，以对市场的敏锐洞察力、宏观谋划的远见及应对危局的能力，在荣宗敬兄弟信任与支持下，创造了福新奇迹，致有"商界奇才"之

王禹卿

誉。中英合资怡和源打包厂经理顾乾麟，出身南浔四象之一的富商家庭，因父丧，17岁弃学主持厂务，每天工作14小时，从经理、账房到货仓管理、过磅登记，巨细亲为，转亏为盈，偿清债务，业绩日上，并成为英商怡和集团中身兼五职的著名买办。旋于1939年起，以经商所得，回馈社会，以父号为名，创办"叔苹奖学金"，襄助清寒子弟完成学业，为社会育才数千人，内有政府部长、研究院院长、校长、教授、科学家、学者、医生等大批栋梁之才，遍布海内外。

　　至于1911年创设于今苏河湾西端叉袋角（今铁路上海站西）的闸北水电厂，乃是民族资本的重要市政工业，且因闸北商绅为争取该厂经营权而进行的不懈斗争，显示了这些民族精英反帝反封建军阀、自强自治的可贵精神，成为上海史上的光辉一页，这更是人们所熟知的。

　　然而，苏河湾的老工业除东南片租界外，悉为"一·二八"

城市之光

"八一三"两场日本侵华战火所毁，曾为"上海华界工厂大本营"一部分的苏河湾西南片，更变为一片瓦砾，成了日军的露天堆场和难民栖身的棚户区，致使"闸北"蒙上了"赤膊"的贬称。但是，苏河湾老工业曾有过的光荣与先贤们自强奋斗的精神，将是永志史册的。

城市
之光

上海总商会：一座无形的桥

王昌范

在苏河湾，在河南路桥西北方向有一栋楼，叫上海总商会，它在清末民初架起了一座官府与企业、官府与商人之间的桥梁。

应付谈判　匆匆设立商业会议公所

光绪二十七年（1901年）秋，《辛丑条约》墨迹未干，大英帝国就迫不及待地提出修订商约。清政府迫于无奈，勉强答应。时间拟定于第二年的春天，地点选在上海。英方代表马凯（James Lyle Mackay）为争取谈判的主动，事先征询英国商会等相关机构的意见，提出以经济利益为主的一揽子修订商约的方案。而清政府指定的负责谈判的商约大臣吕海寰、盛宣怀，并不清楚修订商约会给我国带来什么后果，又苦于我国还没有商业法规可作依据，也没有商会可以咨询，心里不踏实啊。因此，酝酿设立我国的商会便提到了议事日程上。也就在那一年年底，盛宣怀会同上海绅商严信厚、郑观应及上海道袁树勋等人共同磋商，决定在短时期内筹设商会。

郑观应在1884年中法战争时，曾往暹罗（今泰国）、西贡（今越南胡志明市）、新加坡等地调查了解商情，逐一绘图说明。次年初，途经香港，被太古轮船公司借故拘禁，几年后才得以解脱，隐

上海总商会门楼

居澳门近6年。在澳门隐居时期他撰成了《盛世危言》，从政治、经济、军事、文化等方面论述了中国必须大力发展资本主义工商业，实行君主立宪制度，培养具有近代科技知识的实学人才，产生了很大的影响。郑观应与盛宣怀的关系密切，他曾由盛宣怀保举入轮船招商局任帮办。盛宣怀提出设立商会之初，郑观应便是主要的谋士之一。

严信厚（1838—1907），字筱舫，浙江慈溪人，被誉为"中国商会第一人"。早年就读私塾，辍学后在宁波鼓楼前的恒兴钱铺当学徒，咸丰五年（1855年）赴杭州，在著名红顶商人胡雪岩开设的信源银楼任职，深得胡雪岩的器重。同治十一年（1872年），胡雪岩向李鸿章举荐，严信厚得候补道加知府衔。据称严信厚喜好书画，尤擅花卉鸟兽，曾将自己精心绘制的扇面赠予胡雪岩，胡雪岩转赠李鸿章。李鸿章爱不释手，深为赏识，遂委派严信厚办理天津盐务。严氏在天津10年，事无巨细，尽力尽责，左右逢源。盐务毕竟是肥缺，他自己设了同德盐号，遂积聚万贯家财。由于盐商进出都是大笔买卖，钱款汇兑依赖票号，票号中间截取手续费，于是严信厚在上海创办源丰润票号。"源丰润"分号遍设天津、北京及江南重要城市十余处，形成汇兑结算的网络。不久，严信厚活动的重心

城市之光

也从天津移至上海。其间，他被派为上海道道库、惠通官银号经理，掌管上海道的公款收支事宜。同时被聘为华新纺织局协理。嗣后，又受盛宣怀委派，筹备中国第一家新式银行——中国通商银行，任首届总经理，成为上海商界一言九鼎的人物。

　　盛宣怀正在上海物色主持商会的人物，他认定严信厚是恰当人选。严信厚办事认真，且尽心竭力。他拿出自己在南京路五昌里的房屋作为会所。光绪二十八年正月十五日（1902年2月22日），在沪各会馆公所董事70余人聚议，宣告上海商业会议公所成立。会后，盛宣怀颁给"上海商业会议公所"木质关防，同年9月获清政府正式批准。

章程六条　妙言商会是无形的"桥"

　　称严信厚为"中国商会第一人"，是对他为建立商会制度而作出的评价。中国商会第一份章程，即《上海商业会议公所暂行章程》便出自他的亲笔。这份章程共六条，概括起来仅18个字："明宗旨、通上下、联群情、陈利弊、定规则、追逋负"。

　　《章程》第二条"通上下"是严信厚顺着兴办商会为了振兴商务的宗旨而言，他察觉到"今官急欲保商而无所措手，极欲恤商而无从著力"，原因是"中国官商隔阂，由来已久，盖其中事皆隔膜，无承起上下之人，交杂华洋，无开通关窍之法"。他期望"官商一体，尊卑

上海商业会议公所总理严信厚

153

清末，上海商务总会议董和部分上海官员、会审公廨廨员合影

相顾"，并对比"西人以商为四民之首，非无见也"，而传统的"士农工商"，将"商"列于"四民"之末，因而本国应该提高商民的地位。严信厚最大的贡献是把商会的作用确定为"上传官府之德意，下达商贾之隐情，务使（官商）融洽联贯，有可以借手著力之处，随时禀请办理"。他的意图很清楚，认为商会是官府与商人联系的媒介，恰如一座桥梁，横跨官府与商人的两头。由此可见，早在100多年前，他就已经提出了商会具有纽带作用和桥梁作用的观点。

　　商会与官府以及会审公廨的联系有文献记载，也有照片为证。有幅珍贵的历史照片出自上海总商会档案全宗，至今已有百余年了。画面上的人物依稀能辨认出几位，前排坐者：左三是曾任上海商业会议公所副总理的周金箴，周金箴亦商亦官，官至花翎二品顶戴指分江苏试用道；左五、六是会审公廨谳员宝子观和聂榕卿；中站立者：左一为"钟表大王"孙梅堂，他继承了父亲开设的美华利钟表号，通过批零兼营、股权并购等一系列运作，尤其是接盘南京路河南路的亨达利钟表行，将当时上海钟表业推向高峰，画面中孙梅堂约莫30岁，头戴官帽，似乎已捐了官职；左四叫金琴荪，时为商务总会议员；左五是著名的怡和洋行的买办潘澄波；后排3人，其中2人后来都担任了上海总商会会长，左二是大名鼎鼎的虞洽卿，20世纪40年代西藏中路一度称为虞洽卿路，即源于此人；右边一位是朱葆三，上海滩也有一条马路以他名字命名，现在这条马路叫溪口路。

三易其名　从商业会议公所到总商会

有人问，为什么将上海商业会议公所作为上海总商会来研究？他们之间有联系吗？回答是肯定的。简单地说，它们仅仅是易名而已。从商业会议公所到上海总商会中间还有一个过渡。1903年清政府为强调恤商之策，设立了商部。商部开办之初，即颁布《商会简明章程》26条。《商会简明章程》第二款有这样的话："凡属商务繁富之区，不论系会垣，系城埠，宜设立商务总会。而于商务稍次之地，设立分会，仍就省分隶于商务总会。如直隶之天津、山东之烟台、江苏之上海、湖北之汉口、四川之重庆、广东之广州、福建之厦门，均作为应设总会之处。其他各省，由此类推。"上海被指名应设立总会，根据这一条款，1904年上海商业会议公所改组更名为上海商务总会。机构还是原来的机构，人物也是原来的人物，商务总会运作了8年，直到1912年。

上海商业会议公所在南京路五昌里会所没有留下任何图像资料。据商会老先生讲，五昌里会所在四川路附近。但是，爱而近路（今安庆路）的上海商务总会在清末上海出版的《图画日报》上留下了图像。画面是一幢二层楼的砖木结构房屋。马头墙砌在屋顶的两侧，

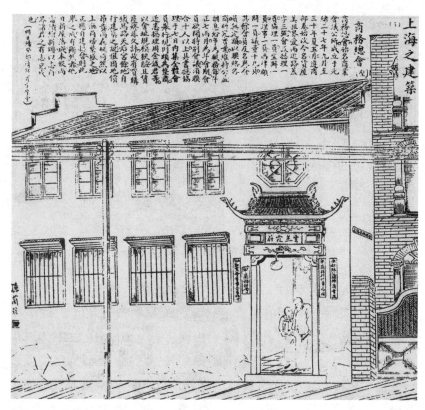

《图画日报》上刊登的上海商务总会图

恰似徽派建筑风格。商务总会一楼二楼各有4扇窗，一楼窗户安装了遮阳篷和"册"字铁栏，二楼木质窗的边上有一正八边形，中间带有圆形的透框，似乎是作楼道采光之用。外立面经这么一装饰，便显得有起有伏，错落有致了。商务总会的门是整个建筑的点睛之笔，飞檐精雕细琢，照墙泥雕云雾缭绕，行书"云蒸霞蔚"四个字。门的两边竖着四块牌子："商务总会"一块，"商部驻沪接待商会处"一块，"沪商银行某某公所"一块，另一块字迹模糊。当时这区区二层楼的房子，却有四家机构在此办公。画面上方有一段文字，大意是"商务总会租赁美租界爱而近路盖字三号。会设总理一员，协理一员，坐办一员，理事一员，西律顾问一员，议董十九员。……以联络各商、研究实业、维持公益、调息纷争为职务。每年正月七月为年会期，会员欲开特别会议，须联合十人以上，具书总协理……"感谢画家孙兰荪先生为后人留下了弥足珍贵的图像资料，使得现在商会中人还能目睹百年前上海商会的模样。

从商务总会到总商会，其过程也是跌宕起伏。辛亥上海光复后，上海商务总会中以浙江籍为主、倾向于民主共和的一部分议董，认为商务总会对革命反应迟缓、行动不力，始终是与革命党人若即若离。于是他们就脱离上海商务总会自行集议，提出清政府已为革命所推翻，那么，遵照清政府商部章程成立的上海商务总会及刊刻的钤记也必然在国民中失去效力，应予取消，决定设立上海商务公所取而代之。不久，上海商务公所就向沪军都督府呈请备案，沪军都督府接受立案并划定铁马路（今河南北路）天后宫旁（原清政府出使行辕）作为上海商务公所的办公地址。

1912年元月，中华民国临时政府宣告成立后，上海商务总会提出统一上海两个商会组织的主张，公开发表《并合商务总会、商务公所改良办法意见书》。不久，两个商会组织分别召集各业各帮的董事召开会议表决，随即达成共识，以上海总商会的名称合并，以上海商务公所的办公地作为会址，上海商务总会章程暂行延用。同年2月29日起连续数天，《申报》等各大报刊登载了《上海总商会第一广告》称："民军起义，上海光复，原有之商务总会系旧商部所委任，理应取消，商界又重新组织临时商务公所。现在民国大定，政治统一，应即规定办法，于2月27日邀集各商董会议，定名为上海总商会，以昭统一。"上海总商会正式宣告成立。

上海的商会，由商业会议公所、商务总会、商务公所到总商会，乍看是简单的易名，实质上是上海商会组织从幼稚走向成熟的反映。

集资造楼　留下一座有形的桥

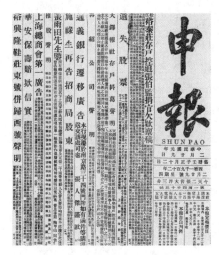

1912年2月29日《申报》刊登的《上海总商会第一广告》

上海总商会商品陈列所大楼

《图画日报》上这幅"商务总会"图，也提到了"因会址狭隘，赁屋终非久计，欲购铁马路天后宫余地筑屋，唯地价昂贵，尚在磋商"。以往研究商会的资料只反映上海商务公所资助革命党人陈其美。以陈其美为首的军政府投桃报李，将天后宫"前清出使行辕"地皮赠予上海商务公所。现在得知，商会早就有购买这块地皮的打算，只是费用不足而已。

成立后的上海总商会行动迅速，于当年9月开议建楼事宜。1913年2月得到捐款6 250余两，国库券2 680余元，各业捐1.9万余两。当月18日下午2时，总商会议事厅破土动工。工程预算为6.4万两，不包括围墙、马路、阴沟、电灯、自来水、装潢项目。而各业捐款仅2万余两。1914年9月，总商会再次召开会员大会，筹募建筑议事厅的费用。大会议决：向已认款而未

城市之光

缴的各会员商催，向未捐款的各会员
和会友分别劝募，尚有不足钱款由本
会借垫。11月，因议事厅大楼即将落
成，而工费缺口很大，协理朱葆三提议
以总商会名义出售无利公债票，以5年
为限，分年抽还，并请各行业在入会经
费外再加几成，另款存储，以备清偿。
此方案经公决通过。1916年年初，以
议事厅为主体的总商会办公楼竣工。办
公楼有3层，一楼有车库和办公室，二
楼有大议事厅，三楼设有会议室，楼
顶是一个露天大阳台，楼外是宽敞的

上海总商会会长朱葆三

庭院，设有两道铁门，门内西南角竖有建造碑及碑亭。建筑决算计
12万余两。

事隔90多年后，上海总商会现在是否安好？笔者专程寻访了位
于河南路桥西北拐弯处的这栋老楼。冬日的斜阳照在苏州河畔，一
座拱形的门楼映入眼帘。进入门楼，穿过一条约50米长的甬道，迎
面而来是颇具沧桑感的一座老建筑，仰首望去，外墙立面几何图形
对称，窗户四周雕饰着簇簇花絮，颇具巴洛克风情。正门上方精致
的细部，依稀还能看到镶嵌着椭圆形的玉刻"上海总商会"字样。
该楼原为三层，现已成为四层建筑。

商品陈列　为企业打开通向成功的路

1915年，总商会大楼行将竣工，总商会的主事者正筹划举办
商品陈列所。是年10月，总商会则设立陈列股（科），具体进行
筹划事宜，订定《上海总商会筹办商品陈列所章程》，并选择总

商会大楼东偏北临近河南北路的基地建造商品陈列所大楼。1919年春动工兴建，历时一年竣工。该建筑占地724平方米，楼高三层，总面积为1625平方米，分隔成18个空间，总费用为68143两白银。

1921年11月1日，总商会商品陈列所隆重开幕。美国商务参赞，瑞士、比利时、瑞典、日本等国领事，农商部代表沪海道尹王芷扬，省长代表上海县知事沈宝昌以及报界人士等500多中外各界来宾出席。知名人士马相伯发表了提倡国货的演说。然后，来宾依次参观了一至三楼的美术部、饮食品部、农林园艺部、机械部、染织工业部、制造工艺部、矿产部、水产部、化学工业部、药品部、科学仪器部的各类展品。

从商品陈列所留下的图片看，上悬匾额"表扬国产""精华荟萃"，对国货非常重视，常年陈列的全国各地展品有34400余件，平时免费向社会各界开放。据统计，参观人数1925年为3.45万人次，1929年达16.73万人次。同时，陈列所设有售品部。售品部专门代理国货厂商推销优良产品，销售方式分为即时、约定、通信3种，价格根据厂方销售价酌定。

总商会时期，商品陈列所先后举办过几次比较有影响的展览，如1922年10月的蚕茧丝绸展览会，1923年10月的化学工业展览会，1928年的夏秋用品国货展览会，还先后为国内一些省份的商品陈列所、物品展览会以及荷兰万隆城博览会、美国费城商品陈列馆、暹罗国货陈列馆、小吕宋嘉年华会展览会等代理征集中华国货，数量近万件。

商品陈列实际上是为会员服务的手段，为企业打开了一条通向成功的路，在当时的历史条件下，其作用不可小视。值得指出的是，陈列所根据展出的内容，还多次编辑出版《国货津梁》小册子，详细介绍全国国货工厂、商号的产品、商标、地址，成为会员企业的指南。

　　1927年4月18日，南京国民政府成立。26日，上海总商会被接收。1929年5月，上海特别市商人团体整理委员会成立，上海总商会结束了历史使命，取而代之的是成立于1930年的上海市商会。

城市之光

辛亥功臣俞国桢与闸北

张　化

城市之光

俞国桢

俞国桢（1853—1932），字宗周，浙江鄞县人。毕业于基督教长老会育英书院，曾在杭州、德清、新市等地传教，1888年受封为牧师，1894年就任上海虹口长老会堂牧师。1904年，筹款在海宁路、克能海路（今康乐路）口购地建堂，称自立长老会堂。

1906年，俞国桢创办中国耶稣教自立会。1915年，他在宝通路建成闸北自立长老会堂，当时是上海基督教第二大堂。1920年，在闸北堂召开中国耶稣教自立会全国联合大会，俞国桢当选为全国总会会长。在中国基督教自立运动中，自立会最彻底地实现自治，最早提出挽回教权。从摆脱外国势力的控制、由中国人自己办教会的主张和教会实践看，自立会带动了自立潮流的形成和发展，成为中国基督教三自爱国运动的先声。

俞国桢的助手蔡毓璋曾说："世人皆知先生为教会革命之元勋，以其提倡自立之故；不知先生亦政治革命之钜子、社会革命之伟人

162

也。"这是知情者所作的非常准确的评价。1910至1927年，俞国桢先后创办了闸北商团、闸北地方自治研究会和闸北地方自治筹备会，并以此为抓手，促进"闸北"行政区划的形成，推进地方自治运动，维护市民的公共利益，抵制租界扩张，从而成为闸北社会具有重要影响的人物。

筹组闸北商团　立下赫赫功勋

　　1911年5月26日，俞国桢与闸北绅商筹组成立了闸北商团。钱淦为会长，钱允利、俞国桢为副会长，同盟会会员为骨干。后来，会长屡次更换，在实际运作中，俞国桢是灵魂人物。

　　7月16日，闸北商团举行开操典礼。团员由俞国桢、钱允利督队，列队步行2公里到达操场。上海道台、海防厅同知、宝山县令等官方代表，城自治公所、旅沪宁波同乡会、中国国民总会等社团代表、各业商团会团员等6 000多人与会。上海道台刘燕翼和全国商团联合会会长叶惠钧讲话，俞国桢围绕"勇气、志气、义气"发表演说，鼓舞士气。光复中，闸北商团至少在4个关键点上建立了功勋。一是上海光复，闸北首义。11月3日上午，闸北起义巡警占领了上海巡警总局，闸北商团按分工占领各处要害。二是组成敢死团，协力攻打制造局。3日夜，从闸北起义巡警和商团团员中挑选出的53名精干人员组成敢死团，与各路起义军一起，攻下制造局。三是保全了对沪宁火车站的控制权。3日晚，英美势力派军队乘乱越界占领了车站，以达到蓄谋已久的扩充租界、控制沪宁铁路的目的。4日，闸北商团赶走洋兵，驻防车站。革命军将士和军需物资从沪宁车站源源不断运往攻打南京的前线，成为辛亥革命的生命补给站。四是保境安民。光复中和光复后，闸北商团各区队日夜巡逻，维持秩序，是当时最能代表闸北民意的社会力量。光复初，闸北处于无政府状态，

1904年俞国桢在海宁路创建的中国自立长老会堂

市民有纠纷和危难，均找商团解决。1912年10月，听说闸北市政厅筹备处负责人鲍贯参工作不力，甚至受人指使，暗中破坏闸北大局。商团的几名团员闯到市政厅诘问，鲍只得移交了工作，等待处理。之后，俞国桢以闸北总商团的名义斡旋、调停了这起冲突。闸北商团是沪军都督陈其美颁发奖凭的10个商团之一，俞国桢是沪军都督府颁发奖凭表彰的50多位功臣之一。

推动闸北划界　建立行政实体

光复后，闸北宣告自治，经陈其美批准，建立了市政机构。从此，"闸北"不再仅仅是地域概念，而成为与南市并列的行政实体。

1912年10月27日，闸北市民公会成立，选举俞国桢为临时正理事长，10个区各推选2名区董为评议员。该会以闸北商团为基础，以绅商为骨干，是闸北市民的代议机构。时人评说：该会"对于闸北

164

市的确定，是增加不少助力"。经闸北市民公会多次呈请江苏省议会、江苏都督、内务部，最终，江苏都督遵照内务部的意见，以"华洋交涉较繁之处均由闸北主政""对外不至纷歧"为原则，划定了闸北的区域，确定了由两县共管的原则，协调了各方的税收利益。闸北这才名副其实成为一个行政区划，地方自治有了自己的舞台，闸北市民有了自己的社会空间。

闸北市民公会还是闸北地方自治运动的重要推动力量。该会为闸北市民争取各种公共权利，其中包括：呈请江苏都督批准，设立地方审判厅闸北分厅，以直接审理诉讼案件；筹措经费，修造新闸桥；为市民争取选举权；抵制租界扩张，等等。该会甚至代表闸北市民支持并监督警、政两界。1913年8月3日，正值"二次革命"，公会致函警察厅长穆湘瑶，诘问前次辞职及此次复任却未到厅恢复秩序的原因，同一时期，钱允利、沈联芳在向江苏省长请辞的同时，也向公会提出辞职。

辛亥革命后，袁世凯压制公民运动，禁止"秘密结社"。1913年8月，闸北商团被逐出闸北，闸北市民公会停止了活动。1914年年初，袁世凯停办各省地方自治会。2月23日，闸北市政厅解散，改设官办的闸北工巡捐分局。

筹建自治组织　抵制租界扩张

1917年5月，俞国桢筹建闸北地方自治研究会，任会长。北洋政府恢复地方自治后，1922年2月改为闸北地方自治筹备会。闸北的"自治"，对政府而言，是争取闸北市民的自治权，1920至1924年，以闸北地方自治筹备会为代表的闸北公团联合会和绅商经过轰轰烈烈的运动，将闸北水电由官办改为商办；对租界的外国势力，则是抵制其扩张，争取闸北市民的生存权和发展权。

闸北与租界的界线犬牙交错。1908年起，租界多次提出扩界，均未成功。1914年，法租界再次扩界，面积又增加了近7倍；在中央政府已准备同意扩界的情况下，势力比法租界大得多的公共租界扩界却仍未成功。究其原因，是俞国桢率闸北市民顽强抵制影响了政府决策。1915年3月，俞国桢等人给工巡捐局局长递呈了《拒绝推广租界之意见书》，并公开发表。意见书长达2 000多字，从历史、政治、军事、市民利益等角度条分缕析，提出16条拒绝的理由，产生巨大的社会共鸣，当时起到了阻止租界扩界的作用，后来被历史学家广为引用。因此，公共租界地图的西北角形成一个马鞍形状，将沪宁车站留在了华界。

工部局扩界不成，从1916年起，每年拨出越界筑路款项，大肆筑路。由于越界筑路在扩张方面的非正式性，双方在是与非之间有长期而烦琐的角力，矛盾重重；结果往往以斗志和实力为转移。在越界筑路区域，或者是华洋交界处，围绕税收权、警权、筑路权、卫生管理权等具体权益，矛盾和冲突不断：租界十分强势，千方百计侵吞蚕食；闸北警察、商团和市民则时刻警惕、日夜巡查、事事防范、步步为营，艰难守卫。明争暗斗绵延起伏，一波三折，真可谓寸土必争。1921年，工部局在东新民路来安里越界筑路，俞国桢率闸北地方自治筹备会，联合30多个团体，发起历时3个月的抵制运动，获得成功。抵制效果非常明显：在沪西，越界筑路从清末一直延续到1925年，面积达45 840亩；在闸北，1917年后未筑过路，越界筑路面积仅1 700亩。中国人对越界筑路区域的管辖权，闸北也远多于沪西。在沪西，所有越界筑路及其两旁的产业管理之权"全操外人之手"；在闸北，路政归租界，"而路旁主权仍操自华界官厅"。由此产生了一个有趣的现象：路面由巡捕房管辖，华界警察则站岗于路旁，"上差、落差须沿屋际之小弄出入，若涉足马路，则戎装制服，自身即属违章"。这在积贫积弱的中国，不能不说是一个奇迹。

城市之光

吴昌硕在苏河湾

吴　越

2013年是吴昌硕荣任西泠印社首任社长100周年。吴昌硕作为我国近代集诗、书、画、印于一身的一代艺术宗师，硕果累累，桃李天下。

1912年吴昌硕正式定居上海，入住北山西路吉庆里（今山西北路457弄12号）。海派书画艺术正是随着他的到来而进入了一个大师辈出、精英云集的鼎盛期。一幢普通的石库门式小楼，从此像东亚艺术中心一样吸引着中国、日本和韩国艺术大家前来拜访和交流。吴昌硕晚年

70岁时的吴昌硕

城市之光

虽简居在今苏河湾的普通小楼中，却精心策划及指导了一项项影响中国的艺术活动，培养出齐白石、张大千、陈衡恪、梅兰芳、傅抱石、潘天寿、刘海粟、沙孟海、王个簃等一批艺术大家，创造了辉煌成就。

七十高龄任社长

西泠印社筹创始于1904年，成立于1913年，吴昌硕德高望重，被公推为首任社长。其时他已70高龄，老人在《西泠印社记》中曾曰："社既成，推予为之长，予备员，曷敢长诸君子。"他谦称自己是"备员"，可见其谦逊与尊贤。为印社的起步与发展，吴昌硕创作了许多书画精品，捐赠印社；又在沪上率众人发起抢救国宝《汉三老碑》的活动，身体力行创作集款八千银元，将国宝赎回，捐入印社。吴昌硕在《三老石室记》中作诗云："时作古篆寄遐想，雄浑秀整羞弥缝。山骨凿开浑沌窍，有如电斧挥丰隆。"同时又在宁波路浙江路口渭水坊内建立西泠印社（上海）。以吴昌硕的巨大艺术影响力，汇聚同仁，研习书画，推进篆刻的普及和提高，又积极拓展产业的发展，其研发的各类西泠印泥成为书画家久用不衰的必备物品，美名延续至今。

画赠好友李平书

吴昌硕定居于沪上后，前来北山西路求艺及拜访者十分踊跃，如著名爱国实业家、画坛名家王一亭。王个簃在《回忆王一亭》一文中写道："王一亭的画真率疏简，豪宕而空灵。早年在一家裱画店裱画，平时摩习不倦，有一个偶然机会，见到任伯年，遂拜师于门下。后来又与吴昌硕相识，过从甚密，关系也在师友之间。在他搬到南市乔家栅之前，他早就是昌老家的常客，天天清早去看昌老画画。"海上画派大家蒲华晚年也是吴家的常客，他善画花卉，尤工篆刻。性简傲，喜远游，一生喜画墨竹，又绘山水。吴昌硕对蒲华宏识广博极为倾倒，每问必答，敬佩之至，以师友相敬。蒲华逝世后，吴昌硕特为其书墓志铭以表纪念。经常到访的还有于右任，他擅长书法，善草书，以碑入草，尤于唐代怀素的小草《千字文》用功甚勤，造诣甚深。于右任小吴昌硕34岁，十分敬佩吴昌硕，经常去吴府请教。吴昌硕八十寿庆，他专拓巨幅观世音像敬赠祝贺。1927年，吴昌硕逝世，又书挽联："诗书画而外复作印人，绝艺飞行全世界；元明清以来及于民国，风流占断百名家。"对吴昌硕的艺术生涯作了极高的评价。

在吴昌硕的好友中，李平书是其中的佼佼者。李平书早年从政，晚年弃政取名"且顽老人"，并与海上艺术家结缘，潜心钻研金石书画，热情推动沪上文化发展。李平书擅长书法，平生嗜古，收藏有大量的历代名家书画印章和碑铭等作品；他又是知名的社会活动家，

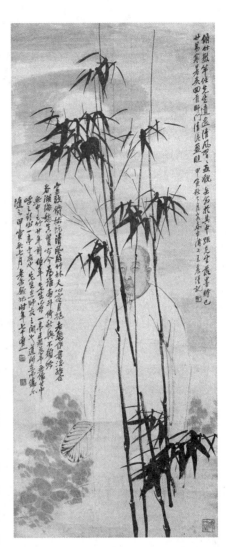

任伯年、王一亭合作的吴昌硕肖像图

经常邀请海上名家聚会，观赏其丰富的家藏。他交友甚广，其中吴昌硕与王一亭对其书艺发展有着重要影响。李平书先后参加吴昌硕创办的"海上题襟馆金石书画会""文明书画雅集""上海书画研究会"和"青漪馆书画会"等社团活动。李平书十分仰慕昌硕先生的人品

和艺术成就，经常去吴家拜访。1918年初春，吴昌硕特为李平书创作巨幅《古雪梅花图》。此图气势恢宏，梅花冒雪怒放，墨色梅枝郁勃苍劲，中央辅以巨石陪衬，展现出寒梅冲风斗雪的刚烈性格。此画借梅花称颂了李平书坚毅不屈的精神，吴昌硕上题："茅亭势揖人，顽石默不语。风吹梅树花，着衣幻作雨。池上鹤梳翎，寒烟白缕缕。湖烟漠漠，菭影娟娟。寒雪塞门，翠羽时至。写此赠平书先生，亦记我游迹也。戊午二月吴昌硕年七十有五"。此图作为国宝，现珍藏于杭州西泠印社。

梅兰芳的忘年交

吴昌硕到上海后，也吸引了不少京派书画界名流前来切磋交流。京派书画领袖陈师曾专程来沪拜吴昌硕为师。他的诗、书、画、印深得吴昌硕之精髓。齐白石也十分崇拜吴昌硕，曾效法其金石书画，特别是画风深受吴昌硕影响。齐白石有一首名诗："青藤雪个远凡胎，老缶衰年别有才。我欲九原为走狗，三家门下转轮来。"老缶即吴昌硕，从中可见齐白石对吴昌硕的敬重。1921年，吴昌硕曾为齐白石订润格，这是吴昌硕对齐白石艺术的肯定与扶植。

1913年，时年20岁的梅兰芳初次来沪献艺，年已70的吴昌硕前往观赏后，只觉耳目一新，心情非常舒畅。1920年梅兰芳再度来沪演出时，特邀吴昌硕前往观看，吴昌硕极为赞赏。梅兰芳遂提出拜吴昌硕为师之心愿。从此，两人成了忘年之交。此后梅兰芳每次到沪演出，必到昌硕寓舍拜访。梅兰芳本人喜爱绘画，常带了自己的作品向老师请教，吴昌硕看到他如此好学，也非常乐于指导。吴昌硕建议他广泛学习各家各派名作，博采众长，获得更深的造诣。1923年冬，吴昌硕听说梅兰芳又将来沪演出，不胜欣喜，特为其画梅花图一幅，传递出他对弟子的一片厚望。

城市之光

170

同样，潘天寿在其回忆吴昌硕的文章中也记述了缶翁对他的指点。他写道："我在二十七岁（1925年）的时候，到沪任教于上海美专。得老友诸闻韵介绍始和昌硕先生认识，那时候，先生的年龄已近八十了，身体虽稍清癯，而精神却很充沛。每日上午大概作画，下午大概休息。先生和易近人，喜谐语；在休息时间中，很喜欢有朋友和他谈天。我与昌硕先生认识以后，以年龄的相差，自然以晚辈自居，态度恭敬，而先生却不以此有所距离，因此谈论诗画，请益亦多。"吴昌硕对潘天寿的画品和勤奋给予很高的评价，曾为其作品题诗："天惊地怪见落笔，巷语街谈总入诗。"希望潘天寿要继承与创新同步，艺术要反映人民之呼声。可见大师对后辈的殷殷真情。当时，勤入缶门的青年艺术精英还有张大千、傅抱石、陈半丁、沙孟海、王个簃、钱君匋、刘海粟、荀慧生等。吴昌硕在其门下精心培育出近三十位大师，成绩卓著，这在世界教育史上也是罕见的。

无偿赠画早稻田

以吴昌硕为旗手的海上画派，不仅得到了海内艺术家的尊重，而且还得到了海外艺术家特别是日本、韩国友人的仰慕，他们纷纷来沪向吴昌硕请教。日本艺术家水野疏梅敬闻吴昌硕大名后，专程乘船来沪，在王一亭介绍下与缶翁相识，遂即师从吴昌硕学习中国画。缶翁有《水野疏梅索诗赋赠》。日本大画家富冈铁斋也专程登门求艺，吴昌硕热情相待，敞心交谊，传授书画之艺。之后，缶翁为其刻印相赠，有"富冈百炼""铁斋之印""东坡同日生"等名印。1923年，日本早稻田大学创办艺术系，吴昌硕以其83岁高龄，静居画室数十日，精心创作书画60幅，无偿相赠，将中华民族之艺术精品传给东邻弟子学习。此举一度成为促进中日友好交流之美谈。此外来访的日本艺术家，还有内藤湖南、西园寺公望、中村不折、山本竞山、

171

位于吉庆里的吴昌硕故居

柚木玉郎、滑川澹如、田中庆太郎、大谷是谷诸人。日本艺术家田中庆太郎于1912年首刊《昌硕画存》，1920年东京文求堂继刊《吴昌硕画谱》。同年，日本长崎首次展览缶翁书画，翌年东京至敬堂出版田口米舫所编《吴昌硕书画谱》。同年，大阪首展吴昌硕书画，高岛屋据此刊行《缶翁墨戏》第一集，1926年大阪再次展览并继刊《缶翁墨戏》第二集。1928年大阪又一次展览吴昌硕书画，并在刊《缶庐遗墨》。由此，吴昌硕在日本声誉日隆，他的诗、书、画、印"四绝"之艺，在日本临仿研习者日广，为缶公制铜像、编年谱、写评传、辑专集，珍惜爱重，俨如国宝。

当时来访的还有众多韩国艺术家，其代表为韩国名人闵泳翊（1860—1914），吴昌硕与闵泳翊交谊深厚，曾为其制印241枚。1993年，韩国篆刻学会曾专刊《缶翁刻芸楣印集》，以纪念吴昌硕诞辰150周年。即使在美国，吴昌硕同样名望很高。当时，波士顿博物馆馆长上门求墨宝，吴昌硕欣然为该馆篆书题辞"与古为徒"，该馆制为巨匾，悬于博物馆正门。

如今苏河湾吉庆里的这幢吴昌硕故居，早已被定为上海市文物保护单位，成了苏河湾的历史文化瑰宝。艺术大师的功绩及小楼故事，需要我们继续花时间去发掘和研究，以弘扬中华民族优秀的人文精神。

城市之光

南阳桥逸事

江文渊

上海地处江南水乡，即使在市区，也有不少地段以桥命名，如八仙桥、打浦桥、天钥桥等。如今说到打浦桥，差不多人人皆知，但南阳桥就很少有人知道了。幸好在附近新乐里的边上，至今还有一家开了10多年的"南阳桥花鸟市场"（也称万商市场），总算还留

城市
之光

上海沦陷后，法租界与南市华界以铁栅门相隔

173

下了一点"南阳桥"的印痕。

南阳桥在今西藏南路（旧名敏体尼荫路）与方浜西路（旧名木渎街）、自忠路（旧名白尔路）、浏河口路（旧名奥利和路）这几条断头路的相交点上。1944年以前，有一排大铁门横跨在敏体尼荫路的终点上，铁门以北为法租界，以南为"中国地界"（即南市，以下简称华界）。这排大铁门，也就是南阳桥地段的中心点。

南阳桥曾一度繁华，这是由于它的地域位置使然。当年敏体尼荫路从大世界开始往南，与法租界最著名的法大马路（今金陵东路）、霞飞路（今淮海中路）相交，沿途又有基督教青年会、中法学堂（今光明中学）、杀牛公司（沪上大型屠宰场）等标志性建筑群。而法租界三条无轨电车中的两条（17路、18路）又行驶其间，更促成了它的繁华和知名度。

由于战乱，我家从1941年夏起迁住南阳桥，住在法租界敏体尼荫路敏慎坊1号（已于2016年拆除），弄口南侧仅10步即为大铁门。弄堂对面就是至今尚在的新乐里大弄堂。当年我在新乐里内旦华小学读三年级。弄内有饼干厂、面包厂，还有一家大名鼎鼎的"汇明电池厂"。它生产的"大无畏"牌电筒、电池，可说是国内独一无二的军民必需品，也就是今天的"白象"牌电池的前身。

抗战胜利后的1947年，我家搬离了南阳桥。短短六年间，却经历了三个"朝代"（法租界、汪伪、国民政府），形形色色的怪事也见了不少。

租界铁门口犹如"边防检查站"

南阳桥大铁门，犹如一个"边防检查站"。从十六铺东门路开始，沿华界的民国路（今人民路）、肇州路过斜桥，转向徐家汇路、肇嘉浜路直到徐家汇。凡华界与法租界相交的数十条马路路口，都装

城市之光

有跨街大铁门，其中除了东门路、老北门、新桥街（今淮海东路）、南阳桥及徐家汇等处外，其他小马路上的铁门都终年关闭。这开放的几处，就成了边界通道，每天早上5点开放、晚上8点关闭。

开放时，终日有法国"三埭头"巡官带领安南籍（今越南）和华籍巡捕执勤，见有可疑行人，即截住搜身（俗称"抄靶子"）。另有两名女便衣搜身婆，常把女性可疑者带到路边一个水泥碉堡内搜身，主要是搜武器、毒品之类。然而，有时也见到这两个搜身婆拦下载有食品的车辆，急吼吼地用搪瓷大脸盆伸进装着食品的大木桶中，捞出满满一脸盆的糖青梅、糖佛手等蜜饯，笑嘻嘻地端到那个碉堡中去。原来这是万泰丰蜜饯行的运货榻车。它的工场在南市，门市部在今宁海西路龙门路口，是上海最大的一家蜜饯行，批发零售兼营，门庭若市，我家也常去购买。

一到夏天，霍乱等传染病流行沪上，于是，这铁门口又成了"边防检疫站"。几个"白大褂"在此拦住从南市过来的行人，检查疫苗接种证（上海人俗称"打针纸"），没有打针纸的就当街打一针。有些人怕打针，就有"黄牛"在路边兜售打针纸。有一次，一个"黄牛"当场晕倒，原来他为了骗取打针纸，连续往返打了四五针，想来也是为生计所迫啊！

这铁门有时在白天也会突然关闭，听说是为了捉人。有一次我去南市文庙玩耍，就被堵在铁门口一个多小时。

"青年团员"上街砸赌场欺人耳目

南阳桥铁门南面华界一侧的东南角，有一条很大的弄堂叫"恒安坊"，它的总出口位于今方浜西路63弄，今尚在。弄内开了一家"大生赌台"，很是热闹，路边停满了接送赌客的豪华马车。弄口的沿街两侧，却开了好几家典当铺及押票行，还有名为"戒烟所"实

175

当年的"大生赌台"就开在恒安坊内

为鸦片馆的毒品店。输光了的赌客当场脱下衣服给典当铺，换钱后再赌，又输光了，就把当票押给押票行。这样，钱越赌越少，到头来往往输个精光。于是常见一些只穿单薄内衣、在寒风中瑟瑟发抖的赌徒，手捧一盘从赌场内拿来的招待香烟向路人兜售，丑态百出，让人鄙夷。

离大铁门不远，从小北门到老西门，这不到1公里的范围内，还有绿宝、同庆、华民、西园等四家赌场，但生意不如"大生赌台"兴旺。

1943年夏，汪伪政权搞了个"收回租界"的闹剧，企图收揽民心。一天上午，他们组织了一批所谓"青年团员"，手持木棍、长毛竹上街，悍然砸碎这几家赌场外墙的门窗玻璃。居民们都以为要取缔赌场了，纷纷奔走相告。谁知当天晚上，所有赌场都经过抢修后照常营业，真让人啼笑皆非。

汪伪军光天化日　悍然枪杀巡捕

1943年春，当时我才9岁。家乡来了表弟兄，我就陪他们去逛

"大世界"。那地方秩序不好，我一个人也没去过，那天买票（买一送一）进场后，记不得玩了些什么，好像也就是对哈哈镜感兴趣。

可是，那天却看到了一大批从华界过来的汪伪军混杂在游客中间。突然一阵哨声，这批军人纷纷涌出"大世界"，有人还拔出了盒子炮（即驳壳枪）。不一会儿，外面响起了枪声。正在恐慌之际，场内纠察人员出动，高喊："大家不要乱跑，赶快离场！"于是在纠察的引导下，我们比较有序地走出了"大世界"，被外面巡捕安排到对面爱多亚路（今延安东路）的童涵春堂门口马路边坐下，不准随便走动。大家都不知道发生了什么事情。当时我年幼无知，倒也不紧张。

大约过了一个多小时，"戒严"结束，已近傍晚。我们便沿着西藏南路走回家，一路上不时见到人群围着一摊摊血迹在议论，说是被打死的巡捕留下的。走到南阳桥敏慎坊弄口，地上也是一大摊鲜血，这才知道两个小时前，这批从"大世界"冲出的汪伪军，沿着西藏南路一路杀向南阳桥，只要见到巡捕，一枪一个。铁门口一个巡捕见势不妙，想逃进弄堂，还是被当兵的发现，一枪打死在过街楼下。

原来，1941年底珍珠港事件后，上海公共租界被日军接管。由于法国维希政府投靠轴心国，所以表面上仍维持法租界的存在，实际上也被日伪势力控制了。法租界警察局仍称"巡捕房"。一星期前，几个汪伪军想到"大世界"旁边黄金荣所开的共舞台看白戏，不料被法租界巡捕揪住打了一顿，于是就闹出这般骇人的报复性杀人事件。

一星期后的一个早晨，我走出弄堂口，只见大铁门搭起了素色大牌楼，中间横幅上写着"为公为民"四个大字。居民们传说，巡捕房当天下午要举行"大出丧"了。那天好像不上课，我吃了午饭就早早来到弄堂对面房东家开的"陶益泰纸行"，在店内一堆马粪纸上坐等。不多久，伴随着军乐队的吹奏声及和尚道士的敲打声，一队队仪仗队向大铁门口走来，有五六辆警车各装一口棺木，棺内是

城市之光

177

被杀害的巡捕，死者家属在车内哭号。还有几辆轿车，里面坐着当官的，其中一辆小车坐着一个汪伪军军官，也来参加大出丧。大出丧队伍过铁门后，转了个180度又折返原路。

　　这场军警跨界冲突，在伪市长陈公博的斡旋下大概算是摆平了。至于如何处置杀人者，我们就不得而知了。

城市
之光

南市难民安全区纪实

吴健熙　编译

饶家驹神父的倡议

在 1937 年 8 月 13 日来临前几天，上海的南北向马路上，尤其是跨越苏州河的桥梁上，蜂拥着密集的人流。他们纷纷逃离将要变为战场的苏州河北岸，往南避入租界，或穿越租界避入南市——上海的老城厢，并从那里继续往南，逃向农村。如此撤退持续了好几天。幸运的是，战争爆发那天，战区附近的人口差不多已出空，剩下没走的也被日军强行驱散。

并非所有逃离沪北地区的中国人都会去外地避难。据估算，租界曾接纳了不少于 100 万的难民；另一些难民涌入南市，使那里的人口一下子增加了许多，他们待在那里还是相对安全的。迨至 10 月初，中国军队撤出沪北，日军跨过苏州河进占沪西郊区后，中国军队控制区只剩下沪东、沪南了。闸北及整个沪北地区曾遭受毁灭性破坏，这种惨剧将不可避免地在上海其他华界地区（包括南市）重演，那里同样充斥着相当数量的难民。租界在尽其所能、尽可能多地接纳难民，但由于条件有限，租界当局也不能接纳更多的难民了。于是，上海天主教会的法国籍神父饶家驹牵头提出了一项倡议：在老城厢一带划出一块中立区，让大约 25 万中国人进去避难。当然，这项倡

179

议真正实行起来并非易事，这需要在交战的中日军事当局之间折冲樽俎，而饶神父不辱使命，终至成功：11月4日，倡议者对外公布了用2天时间设立中立区的计划，中国方面欣然同意由饶神父牵头组建这一避难场所；11月6日，日本方面也表示同意这一计划。

难民安全区面临断水断电

与此同时，一个以饶神父为首、由旅沪外侨组成的南市难民安全区监察委员会成立了。该委员会成员来自四个不同的国家，其中包括公共租界工部局董事普兰德先生和英军麦克奈顿准将。面对着瞬间形成的、相当于一个小城镇规模的区域，这个精干的委员会要做的事情真是千头万绪，并还遇到各种困难：粮食短缺；不少难民已是一贫如洗；寒冬将至，必须尽快向他们提供棉衣，但是这里缺少棉花，而且物价持续上涨，这使委员会欲在冬季来临之前向难民们发放冬衣的想法几近泡汤。

11月6日前后，难民安全区正式开放前夕，成千上万的中国人围绕着紧闭的法租界大门打转，希望法租界当局会打开大门，放他们进去避难。此情此景令人悲哀。

迨至9日中午，"饶神父计划"才开始正式运行。安全区南界至方浜路，横穿整个老城厢；北界至民国路（今人民路）。方浜路上用带刺的铁丝网围了起来，安全区内的治安归南市警察局负责，警察们只佩带手枪与警棍上岗。按约定，安全区归中国地方政府管辖，而事实上所有事项都尽量由民间人士出面处理。

到了13日，安全区内断水、断电已有好多天了，成千上万的难民处于水深火热之中。平时，这一区域的水电由南市自来水及电力公司提供。由于战事延伸至邻近地区，水电供应只得被迫停止。后经饶神父与法租界交涉，改由法租界向这一小小的"难民城"提供水电。

城市之光

日军形式上接管安全区

虽说安全区是在监委会控制下，但一天突然有几个日本兵闯入了安全区，引起了一阵骚动。后在监委会的解释下，日本兵才撤走了。大家开始担心起来，不知今后还会发生什么事情。可是在以后的几天里未见动静。

战火就在安全区四周燃烧，当紧挨着安全区的战区变为焦土时，夜晚的景象愈显恐怖。监委会工作的一项重要内容，就是让其成员每天在安全区内露面，以安定人心。

11月15日，安全区改由日本军方控制，但监委会仍继续负责其内部事务，为难民服务。警察由难民们自己挑选产生，只佩带左轮手枪与警棍，继续维持区内秩序。日军巡逻队只是偶尔到区内巡视一番，并不在区内派驻人员。区内的规章由从该区难民中选举产生的人员制定。日本方面并没有提供物资设施用以照料区内的25万难民，国际红十字会希望与日本方面继续合作一段时期，而以饶神父为首的监委会在这段时间里，也将继续履行其职责，直到日本方面觉得它已具备独立管理安全区的能力为止。

难民们凭票证领取口粮

困扰着监委会的还有食宿等生计问题。在日军接管安全区前夕，日本方面已开始限制从法租界运粮至区内，所以只有极少量粮食流入。有几个中国慈善组织发起赈济活动，以募集基金为安全区里的人们采购粮食，他们中的一些人每天向区内提供约4万只面包和馒头，权充难民们的救命粮。但这并不能解决问题，难民们仍然希望法租界能伸出救援之手。

在日军形式上接管安全区初期，虽然每位难民一天可以领到足量的面包与馒头，但大米无处可觅，茶水也限量供应，少得可怜。缺水已成为安全区的棘手问题。战争期间因供水主渠道阻断，用水不得不取之于民国路上法租界一侧的消防龙头。难民们川流不息地穿过马路，以获取这唯一水源，导致纷争迭起，最后水龙头全部被迁至安全区一侧，才算解决问题。苦力们将水装进煤油罐里，运至老城厢内出售，而那些赤贫者依然无钱买水。好在自来水厂已经修复，不日起就可向南市恢复供水。

在南市的学校、吃食店及寺庙里还设了些较大规模的难民营，最著名的首推城隍庙了。在安全区刚开放的几天里，庙里挤满了逃离战争威胁的人们。城隍庙成了赈济米发放中心之一，这样的中心共有9个，每天向6万难民发放大米，每人每天可以领到约1磅口粮。安全区还实行票证制度，贫困的难民每人可领取一份口粮。每天由每户难民的户主带着票证到城隍庙去领粮，难民排着长队绕着寺庙转圈，队伍足有百米长。

桌子后面坐着由难民充任的分发员，票证被盖戳、签注，大米从一袋袋米包中舀出，再盛入难民们的米袋。监委会成员则站在一旁监督，偶尔他也会将手伸进难民的米袋里拨弄一番，检查一下米商送来的米是否足量，质量是否合格，因为这些米商作假的手段很黑。到了后期，监委会向难民发放的赈济粮主要是大米，而这些可怜的人接受的也只有这一种食品。

安全区里的畸形繁荣

安全区里的难民生活尽管颇多艰难，但与栖息在两租界里的难民相比，他们还是幸运的。公共租界里的难民绝大多数已一贫如洗，靠国际红十字会提供的最低量的大米、豆类、干咸菜维持生命。

不久，去浦东的渡轮开放了，许多难民纷纷离开南市回到浦东家中。商人们从浦东带来蔬菜、水果、肉类及大米在南市出售，因为那里的商品销得又快又爽。小街上堆满了食品：一板板猪肉、一堆堆橘子和蔬菜。价格由中国商会议定。商会千方百计地鼓励店铺开业，但几乎每样商品都散布在老城厢内最宽的人行道上出售。这些"商店"不仅销售食物，还陈列着精美得令人惊叹的手工饰品、铜器、廉价刺绣和字画。在这畸形繁荣背后，却生活着1万名身无分文的难民，如今，改由被允准进入老城厢的20名临时工照料他们的生活。令人置疑的是，临时工们是否都能照顾到他们中的每一个人。这些人住在棚户简屋里，一家人蜷缩于黑洞洞的破屋内，摆放在平地上的床板上空空如也。有些破屋里还住着病人，空气好像有好几个月没换了。

（据《"饶神父区"的故事》编译）

城市之光

曹杨新村：中国街道之星

杨尧深

　　上海普陀区曹杨新村1951年5月打桩兴建，1952年5月第一批新村落成。这是新中国成立后上海市建成的第一个工人新村。住进这个新村的都是全国劳模、上海市劳模和先进生产者。他们以自己出色的成绩，获得了这一殊荣。几十年来，上海有关部门在兴建曹杨一村的基础上，一再扩建，至今已发展到曹杨九村。目前，整个曹

城市
之光

1952年刚落成时的曹杨新村

184

杨新村街道东起中山北路，西迄环浜为界，南自金沙江路，北至武宁路，总面积为2.1平方公里，居民3万余户，人口近10万。

50年来，特别是在党的十一届三中全会之后，曹杨新村面貌发生了巨大变化。他们先后20多次荣获"全国先进集体"称号，50多次荣获"上海市先进集体"称号。1992年，曹杨街道被上海市委、市人民政府命名为"上海市红旗集体"；1995年，又荣获"中国街道之星"的殊荣；1997年首批加入上海市文明社区行列，2002年又被命名为全国文明社区示范点。

面对荣誉，回首往事，曹杨新村的居民们不禁感慨万千……

陈毅市长亲自选址兴建工人新村

解放前上海是个冒险家的乐园、富人的天堂，他们住的是花园洋房、高楼大厦，而广大劳动人民住的是棚户和"滚地龙"。新中国建立初期，100户以上的棚户区全市有320多个，大多集中在杨浦、普陀、闸北等老工业区。陈毅市长根据毛主席和党中央关于改善工人住宅的指示，一直把改善工人居住条件放在心上。蒋机"二六"轰炸时，他冒险视察了工人的棚户和危陋住宅；不久台风袭击上海，他又连夜视察了工人居住的"滚地龙"等危房。他特别关心普陀、闸北、杨浦等老工业区的工人居住情况。他不仅多次到普陀区视察，还委托潘汉年、赵祖康两位副市长具体负责改善工人居住条件的工作。1951年初，潘、赵两位副市长带领有关人员进行调研考察后，提出了选址、建造工人新村规划时，陈毅市长又亲自深入现场视察，在曹家渡与杨家桥之间选择了一片土地，建造上海市第一个工人新村，并取名"曹杨新村"。他还特地指示潘汉年副市长要把这件事做好，因为这是人民政府给上海工人阶级做的一件好事。

世代居住在破船上的寅丰毛纺厂工人居永康搬进曹杨新村新居

城市之光

居永康三代人住过的破船

　　1951年5月27日，正是上海解放两周年纪念日，陈毅市长在计划书上作了批示。9月初，建筑工人在这一片土地上打下了第一根桩，建造曹杨新村的工程就此启动。仅用了一年时间，1952年5月就建成了第一批48幢两层楼工房，面积32 366平方米，共计1 002户。陆阿狗、杨富珍、裔式娟等114名全国劳动模范以及先进生产者和住房特困的工人，成为曹杨新村的第一批入住户。在那喜庆的日子里，一辆辆大卡车满载着家具和喜气洋洋的工人群众，在震天响的锣鼓声和鞭炮声中，徐徐驶进了曹杨新村。6月29日，潘汉年副市长和市总工会副主席钟民、沈涵等特地在建筑工棚中召开新村落成庆祝大会，代表市政府和陈毅市长向住进曹杨新村的工人们表示衷心的祝贺。那天，阳光灿烂，刚刚搬进新村的工人们，个个兴高采烈。当钟民副主席宣布大会开始时，全场顿时锣鼓喧天，鞭炮齐鸣。潘汉年副市长讲话祝贺后，国营电机二厂陆阿狗、申新第二纺织厂优秀织布女工蒋秀珍和工人家属代表相继发言，衷心感谢党和人民政府对他们的关怀，表示要用实际行动，搞好生产，以优异成绩来报答毛主席和共产党。

全国劳模王洪禄如今已年过八旬了，每当回忆起当年的幸福情景，还会忍不住热泪盈眶。他说，当时新落成的曹杨一村，虽然只有48幢1 002户，但他所在的国棉一厂就住进了42户。一排排两层楼房，四周围绕着绿树鲜花，草坪上绿草如茵，就像居住在一座大花园内，每一户都是楼上楼下，还有灶间和卫生间。这对长期住在棚屋危房的工人们来说，犹如一下子过上了天堂般的生活。一天，国家副主席宋庆龄到国棉一厂视察，午饭后，由王洪禄做向导，来到了曹杨新村。她看了王洪禄的住房后，又到全国劳模邵森等几户工人家看了看。王洪禄、邵森对笔者说："宋副主席看到工人们住上这样的新房子，脸上一直在笑，她还说这可是苏联式的花园洋房呀！"工人们一个个地同她握手。

从一村扩展到九村

曹杨新村一期工程刚竣工不久，第二期工程又迅即上马，即建造"二万户"型工房。至1965年，陆续建成了曹杨新村的二、三、四、五、六、七村，建筑面积达11万平方米。党的十一届三中全会

城市之光

187

之后，上海住宅建设发展迅速。1990年，曹杨新村街道内建造房屋已达920幢，建筑面积达107万多平方米。此后，曹杨新村的住宅建设又有新的发展，一幢幢耸入云霄的大楼拔地而起。据统计，曹杨新村20层以上的大楼目前有40幢。这些大楼把曹杨新村点缀得更加美丽。

此外，曹杨新村还是全上海第一个实现全面绿化的新村。50年来，共种下5.4万多棵乔、灌木，绿地覆盖率达34.4%。他们把原有的虬江与界浜连接起来，取名"环浜"，投资200多万元，经过数年建设和治理，这2 000多米长的环浜，将曹杨公园、兰溪公园和枣阳园串连起来，犹如一条银色的项链将曹杨新村环绕了起来。昔日的臭水浜，如今成了碧水湖，居民们将10万尾鳊鱼、青鱼、鲫鱼和虾、蚌、螺等投放进环浜。环浜已成为市区除公园湖泊之外唯一可以垂钓的河流。漫步环浜河边，只见水碧天蓝，桃红柳绿，一派生机盎然。典雅别致的亭台画栋，掩映于绿树丛中，风起处时隐时现，别有一番韵味。

曹杨新村共有18条道路，全长15 877米，面积为12.9公顷，路名取花草树木、山水江溪组成，有20条公交线路通过境内，交通可谓四通八达。

300多家外宾接待户

曹杨新村的巨大变化，引起海内外的瞩目，吸引众多外宾前来参观。从1978年起到现在，全世界已有155个国家和地区的8 000余批、15余万友人来访问和参观，其中包括许多国家的元首、政党领袖和社会名流，如法国前总理沙邦·戴尔马、菲律宾前总统马科斯的夫人、美国总统卡特、伊朗阿什拉芙公主、赞比亚总统夫人、西班牙共产党总书记、美籍华人杨振宁博士等。外国友人说："我们知

居民在家中款待外国客人

欧洲客人在曹杨新村居民家作客

城市
之光

道中国有一个上海，上海有一个曹杨新村，很了不起的。"

近几年来，到曹杨新村参观访问的外宾有特殊要求的人增多。如日本小姑娘穗子一家、前苏联最高苏维埃主席团主席葛罗米柯的女儿、加拿大作家布朗夫人、美国耶鲁大学社会学教授戴维思等提出，要在新村居民家中用餐、住宿、连续采访、拍照、吃年夜饭、开各种座谈会等。这些特殊要求者累计共有812批、2 199人次。曹杨新村街道根据这些情况，进一步开拓创新，在接待形式上发展到专业交流、家庭聚餐、中国烹调一日通、一日校园生活以及做24小时中国公民等。目前，曹杨新村已经有300多个居民外宾接待户。

1981年9月2日，美国总统卡特来上海访问时，专程参观访问

新村雕塑：弹竖琴的女孩

了曹杨新村。事后，他高兴地说："这次在上海参观中，最愉快的时刻是在曹杨新村托儿所和在工人家庭里与主人交流。"美国乡村舞蹈团团长曼尼娜在曹杨新村做了"24小时中国公民"，回国后写信来说："我带回了中国之行的美好回忆，同时也难以用语言来表达我心中对中国人民的温馨情谊。"

笔者在采访中特地访问了曹杨五村448号的外宾接待户主殷莉莉。她退休前是一位商店经理，住房是一套两室一厅。从1994年6月25日开始，她担任外宾接待户工作，至今接待了二十几个国家的来宾约500人左右。有住一天的，有住一宿的，也有住两个星期的，甚至还有住一个月以上的。她把丈夫、女儿和女婿以及从台湾来探亲的80岁老阿公都动员起来，参加外宾接待工作。她还自学法语、日语，以便更好地与外宾交流。她家接待过丹麦共同党主席汉森、挪威驻韩国大使、日本企业的总经理以及大学生代表团。她招待他们吃饭、住宿、并和他们交流，有时她们一家人还和外宾一起做饭，十分融洽。那个日本大学生代表团一行6人在她家住了一周，结下了深厚的友情。临别时，6名日本大学生都流下了激动的热泪，连连称赞："中国好，上海好，曹杨新村人好。我们永远也忘不了你和你的家人对我们的热情接待，下次再来中国，一定来曹杨新村看你。"

　　曹杨新村的干部群众数十年来不懈努力，让世界上更多的人了解了上海和上海人。可是他们并不满足，他们决心在党的领导下，为上海的明天作出更大的贡献。

城市
之光

"明星弄堂"：桃源村

树　棻

　　在复兴中路近汾阳路处有一条名叫桃源村的弄堂，里面有84幢式样相同、面积相同的房屋，这是在20世纪20年代建造的。70多年来未曾翻修过，建筑和设备已相当陈旧了。

　　我母亲有位闺友，婚后住在桃源村里，她丈夫是海关的高级职员。他们的长子周晶大我1岁，是我小时候的小伙伴。在抗战胜利后的一段日子里，我常到他家去。

　　某天，我又去周晶家，走进弄堂，便见电影明星周璇从前面一条横弄中走出来，施施然向弄堂外走去。

　　周璇是当时走红的影星和歌星。我虽只是个十五六岁的少年，但也已看过了不少由她主演的影片，还经常在收音机中听到她唱的歌曲。

　　我在桃源村里看到她之后，便问周晶："周璇怎么会到这条弄堂里来的？"

　　周晶回答："她是常来的，到4号里去找石挥。"

　　我有些惊讶："石挥住在这条弄堂里？"

　　周晶也有些惊讶地反问："你来过这么多回还不知道？住在这弄堂的还不止有石挥，还有蓝马、韩非、冯喆、顾也鲁……哦，还有陆露明、卜万苍……过去黄宗英也在这弄堂里住过。"

192

我虽算不上个影迷，但对周晶所说的那些姓名却都熟悉，尤其是有"话剧皇帝"之称的石挥，更是我最喜爱的演员。从小学四、五年级起，我便跟随母亲在巴黎大戏院（解放后改名为淮海电影院）和辣斐大戏院（解放后改名为长城电影院）等剧场中看过不少出由他主演的话剧。蓝马无疑属于"演技派"的中坚人物，当时上海各大影院正在放映由他和上官云珠主演的《万家灯火》。冯喆、顾也鲁也是当时挺走红的电影界小生，善演正派人物。至于陆露明我当时并不熟悉，问过家里人，才知道她是三四十年代走红沪上的"性感女星"。卜万苍则是当时最著名的电影导演和制片人之一。

　　从那回周晶告诉我之后，我进出他家的弄堂时就开始留心了，有时便能看到那些我认得的明星。他们穿着都很随便，有时甚至是趿着拖鞋出来倒垃圾或是到弄口的小铺里去买东西，在出入时都和同弄的邻居亲热地招呼或停步聊上一会儿。

　　1948年，周晶考上燕京大学后去了北京，以后他便一直在北京、洛阳、天津等地工作，我便不再到桃源村去了。

　　我为了给一篇拙作补充素材，曾特地再到桃源村去走了一趟。找到那里的居委会，一位姓潘的老先生接待了我，还帮我找来好几位本弄的老居民。其中有位刘荣祖先生，从少年时代便随父母搬来这里居住，至今已有60多年了。他告诉我，他家当年住在4号屋的二楼，当时石挥住在三楼的亭子间里，蓝马则住在三楼后间中。

　　刘先生的记忆力很好。他还告诉我，顾也鲁和冯喆住在26号中，顾住的是底层客堂，冯喆住三楼前间。他俩的住处都比石挥和蓝马宽敞些。陆露明住在6号的三楼前间。

　　住得最宽敞的是卜万苍，他一家人住了27号一整幢房子，有三间正房和两间亭子间，但相加起来的全部实用面积也只有100平方米左右。

　　当年我以为，凭着这些全国一流水平的明星的名气、地位和收

城
市
之
光

入，必定是各人居住一幢房子。直到今天听了刘先生介绍之后，才知道除了卜万苍以外，其他明星中没有人居住面积是超过20平方米的，而且都得合用厨房和卫生间，而其中名气最大的石挥住得最小，桃源村房屋的亭子间面积还不足10平方米，居住之逼仄可想而知。

这不免使我感到非常惊讶。联想到当下演艺界中的某些"星"，刚有了一点小名气，就住豪宅、驾名车、炫珠宝、传绯闻，怎能不令人感慨系之！

城市
之光

安丰里：人才荟萃的京剧票房

孙曜东　口述　宋路霞　整理

一个准戏迷世家

我在寿州孙氏大家族的方字辈中排行老九，过去的亲友们爱唤我孙九。人到了晚年总爱回想过去的事情，谁知想来想去，总与京

城市
之光

今日安丰里（巨鹿路272号）

名票孙仰农演唱《定军山》

剧断不了瓜葛，尤其近几年来电视里常出现京剧名角的后代如梅葆玖、尚长荣、言兴朋、程之等，更勾起我对他们父辈的诸多往事的回忆。我虽不甚懂得京剧艺术，但是个准戏迷，我的家庭也是个准戏迷世家，和不少南北名角都有几十年的交往。这些交往中的故事，应属现代京剧"野史"的一部分，有助于大家了解当时的梨园行以及京剧与社会各界的种种联系。

我的曾叔祖文正公（光绪帝师孙家鼐）当年在朝廷供职时，就常奉命陪慈禧太后看戏。到了我祖父时，因家族中有许多人在京津一带做官，家眷们也就逐步从寿州迁移到了京津两地。那时虽然国难当头，国势衰败，但京剧艺术的发展却处于一个鼎盛期，京城里的豪门望族，隔三岔五地唱堂会。有的大户人家碰上喜庆日子，能连唱三天堂会。孙氏家族也不例外。久之，就与京城里的名角谭鑫培、杨小楼、梅兰芳、余叔岩及富连成戏班的人都熟了。

到了我父亲孙多偍、母亲丁氏以及我大哥孙仰农两代人，就更加迷恋京剧，以至于大半生都"泡"在京剧里。我大哥孙仰农还为此"败"掉了三分之二的家产。因为他们不是一般地看戏、捧角，而是全身心地投入，拿出大笔的钱财来组织票房、赡养老伶工，收留

196

那些身怀技艺但不再走红的老艺人，为他们创造传艺的条件，同时培养新人。几十年间，与我家关系较深的名角，有杨小楼、程继仙、余叔岩、梅兰芳，还有程砚秋、尚小云、荀慧生、马连良、杨宝森、言菊朋、王少楼、谭富英、张君秋、李玉茹等。

由于家庭的影响，我也成了戏迷，曾在张伯驹从上海去西安之后，从他手里接下了当年余叔岩的"班底"，有里子老生鲍吉祥、花脸钱宝森、小花脸王福山、琴师朱家夔和王瑞芝，打鼓师有杭子和，并以他们为主，组织了一个实业票房，安顿在海格路（今华山路）的一幢花园洋房的三楼。那时我的侧室吴嫣正在学戏，正好向他们讨教，从此我与京剧界的联系更加密切了。

"谐叟"收留老艺人

20世纪20年代初，我父亲奉命南下，调任松江盐运副。历来的盐官都是肥缺，一个盐运副看看不起眼，却也一年能挣10万两银子，抵得上一个县太爷了。后来又调任扬由关（税收关卡，在扬州）监督，更是个肥缺。这使我父亲具备了与京剧界打交道的"本钱"，在演员和剧团发生经济困难时，能够出来维持局面。多年来他非常情愿这样做，同时他也是个超级票友，能粉墨登场，专"票"小花脸。这与他的性格也有关，他一生专爱说笑话，开玩笑，故别号"谐叟"。因为小花脸不为人们所重视，是个缺憾，因此我父亲决心尽力扶持这个行当。于是，艾世菊从十几岁就来到我家。

不久，我一家从天津移居上海，起初住在卡德路（今石门二路，曾被称为"环球学生会"的地方），后来在巨鹿路茂名路口买下一亩多地，造了一幢花园洋房和五幢石库门房子。花园洋房自家住，而五幢石库门房子主要用于出租，其中一部分用来安排亲友和京剧界的朋友们住。这五幢石库门房子和我家的花园洋房，就名之为安丰里，与孙氏大家族在苏州河边的阜丰里一样，也嵌入了一个"丰"字。因轰动一时的临城劫车案下台的地方长官何丰玉，在山东待不下去而避居上海，不久又因他的哥哥何丰林（淞沪护军使，与我父亲是把兄弟）的引荐也住进了安丰里，最后竟老死在那儿。何丰林与卢永祥在江浙战争失败后，也从安丰里出走，乘船赴日。

当时，那五幢石库门房子每月收得的房租约有300银元，供我们家40余口人吃饭、零花绰绰有余。这40多人中真正属我孙家人的只有10来人，其余除了账房、管家和佣人，主要就是一些我父亲常年收留的、在北京已生活潦倒了的老伶工、老艺人。所以每天晚上开饭，总是满满两大桌人，我们自家一桌，另一桌主要是老艺人，而佣人是不能上桌吃饭的。

这40多口人的日常开销仅需300银元，用每月的房租收入就够了。而我父亲每年用于京剧方面的开销，至少也在一万两银子以上。仅此一条，就使得我家所在的安丰里，成了一个不是票房而胜似票房的活动中心，也使我父亲在京剧圈子里荣获了一个"孙三爷"的称号。

各怀绝技的老伶工

那时长年住在我家的，有一个晚清末年科班出身的老伶工，名叫陈桐云，是荀慧生的开蒙老师。他在北京出堂差时，出一次一两银子，这已是较高的身价了。他人品极好，功夫到家，可惜后来嗓子坏了改唱小生，唱小生又不行，只能在北京教唱了。但在北京教唱挣不了几个钱，而且收入不稳定，生活发生困难。我父亲就叫他到上海住在安丰里，安排他到中国实业银行票房教旦角和小生，每月拿30元钱，另外我父亲再贴补一些钱给他，使他的技艺能传下去。那时中国实业银行的老板是刘晦之，是我的曾叔祖孙家鼐的小女婿，亦是个超级票友，在南京东路新雅饭店的楼上开办票房。他的一个姨太太陈曼丽（百乐门舞厅的红舞女）当时正专门学京剧，准备以后改行唱京剧。陈桐云教陈曼丽学了不少戏，可惜陈曼丽后来在百乐门舞厅被人枪杀，此乃后话。

还有一个演小花脸的老伶工叫周三元，身上有绝技，原先在北方很红，后来老了没人要了。他又老又穷，潦倒不堪，我父亲也请他入住安丰里，教票友们唱戏。我父亲唱小花脸时请他当配角，同时也安排他到中国实业银行票房去教戏，每月也拿30元钱，一直到去世。这位周先生曾经有过非常走红的岁月。有一年，杨小楼到济南演出《水帘洞》，基本演员都带去了，而一些小角色则到济南就地取材。戏里有个土地爷的角色，一共只有两句台词。杨听说周三元正在济南，就请周出来说这两句。谁知周三元却摆起架子，提出要另加3块钱才肯演。杨小楼知其肚子里有货，只得答应。

还有一个朱琴心，曾号称五大名旦之一，学生出身，大我11岁。他本是北京协和医院的助理医生，著名票友，曾拜王尧卿学戏，与梅兰芳平辈。他的演唱曾有一度"红"过荀慧生，所以有"五大名旦"之称。他曾到上海我的姑父聂榕卿家唱堂会（我这姑父曾在法租界任会审公堂的主审官，每年唱三天"菊花会"），由此与我父亲相识了。后来因为他毕竟不是科班出身，基本功不行，扮相又比不过人家，只好不唱了。到上海后亦住在安丰里，为票友们教戏。后来我父亲去苏州后，他就替我管家。50年代我出事后，他去了香港，后来死在台湾，有对双胞胎儿子，现在都是港台电影演员。

还有一位名叫孙老元的老先生，又名孙佐臣，是当年谭鑫培的琴师。他拉的胡琴极为有名，百代唱片公司为他灌过唱片，有《夜深沉》《柳青娘》等（百代唱片公司是旧中国最大的唱片公司，解放以后改为中国唱片公司）。当时，该公司灌制的胡琴演奏作品仅有2人，一即孙老元，还有一人叫陈彦衡。孙老元辉煌的时期过去之后，晚年亦是又老又穷，生活无以为继，我父亲把他请入安丰里，生活在票友之中，每月送他30元零花钱，吃住都在我家。我父亲去苏州后，就由我大哥孙仰农养他，亦是每月30元。他老人家去世后，他的那把胡琴却还值500银元，可见他的影响之大。

程君谋 "下海" 遭暗算

住在安丰里的还有一位著名的老先生，叫程君谋，是当代著名演员程之的父亲，晚清老学究程子大先生的第4个儿子，我管他叫四哥。程子大先生为一代饱学之士。他给人写的寿文200元一篇，对联50元一副，曾在武汉给人当幕僚，时人仰其名。但程家到了程君谋一代已经败落了，兄弟三人生活都很困难。

程君谋是票友 "下海" 成了名角的，被称为 "票友当中的谭鑫培"，最红的时候名气在谭富英之上。除了余叔岩外，没人唱得过他。他搭过荀慧生的班，是荀慧生的最佳配角。而他学戏是学陈彦衡的，实际上余叔岩也是师从陈彦衡，此是后话。当年荀慧生找老生配戏，见程唱得不错就劝其 "下海"。程君谋在家是少爷，唱戏本是玩玩票的，后来家境败落了，"下海" 也是出于无奈。然而他一旦与荀慧生配戏，即刻就红了，不仅艺术上成名，经济上也宽裕了。他唱得好，荀慧生的戏有了他来配，原来卖八成座的，就能卖到十成，因而一度非常走红。

然而梨园行里对票友下海往往有看法，认为他们是来抢饭碗的，俗话叫 "使黑杵"。于是有人就想方设法来排挤他们，尤其在内行们都比较艰难的年头，他们就更难了。程君谋就不幸遇上了这种局面，有的京剧行家讨厌他，而他出名之后拿了点架子就更得罪人了，为他配戏的人就使暗招让他出丑。有一次他演出《四郎探母》，从 "马" 上摔了下来，如果武功好的人，翻个跟斗就过去了，然而他苦于票友出身，武功没有根基，一个"吊毛"下来，把脖子"杵"到肩膀里去了，当场被送到医院，从此在北京就待不下去了，只好到南方来。

程君谋是少爷出身，不会做事，文字虽不十分好，但当个一般的文书还能胜任。孙仰农就向刘晦之先生推荐。晦之先生一听是程子大先生的儿子，立刻同意，把他安排在中国实业银行储蓄部当秘书（孙仰农时任储蓄部主任），别人每月30元，而他却领40元，以示另眼相待。我父亲亦安排他全家住进安丰里4号楼下三间，一住就是10年。他白天去中国实业银行上班，下班回来洗把脸就到我家来教戏，既教老生又教青衣，主要教我三姐和我的发妻朱氏。票友们也时常前来向他求教，他也有求必应。我父亲和三姐因此也贴他些钱。他还喜欢玩回力球。每天晚上九、十点钟，票友们过足戏瘾都散了，他却到回力球场（现卢湾区体育场）去"泡泡"，赌注不大，见好就收，所以也常有小利进账。程君谋有三个儿子，程之最小；老大叫程京苏，会拉胡琴，我安排他在我和大哥合开的重庆银公司管账。晚上他也来我家楼下，"泡"在票友中间，反正我家楼下五十来平米的大书房是个京剧沙龙，红木长台、椅凳、烟榻、京胡、二胡皆备。这些艺人们在这里不仅生活有了着落，技艺也有了传授的地方，票友们也有了活动场所。

我哥哥扮相酷似余叔岩

还有一个名叫瑞德宝的旗人老伶工，专教武功，也是当年陪谭鑫培唱戏的好手，后来嗓子一"塌中"（哑了）就来上海教戏。他住在现在人民广场附近的"马立斯"，每天早晨孙仰农用汽车把他接来，从7点半到8点半，专陪孙仰农练武功。孙仰农小时候就学过少林拳，对武术本来就非常着迷，现在京剧里也需要打斗功夫，因此请了瑞德宝来当教练，地毯一铺就翻跟斗。他们练功的时候，我多半在旁边看。瑞德宝要求是很严格的，孙仰农也不怕吃苦。瑞德宝是传余叔岩的戏路，所以孙仰农的功夫就带有"余"味，甚至连扮相都可乱真。有一回，艾世菊告诉我：那年于世文来上海演出，他是小翠花于连泉的儿子，与艾世菊是师兄弟。那日，在天蟾舞台演完后，两人在小花园一带溜达。小花园有家专拍戏照的照相馆，橱窗里放着一张孙仰农的戏照，与余叔岩像极了。艾世菊存心骗骗他，说："你看，余三爷这张照片怎么样？"于世文竟没看出破绽，应口道："拍得真好！"瑞德宝陪孙仰农练了十几年功，风雨无阻，每天练完一小时功，孙把瑞德宝送走自己才去银行上班。孙仰农在银行业务上无甚才气，倒是在唱京剧上得大名。后来，他到香港与孟小冬合写了一部《我与余叔岩》的书，详细记录了自己的学戏生涯。

　　这几位老艺人为人都很善良忠厚，待人诚恳随和。无论谁来学戏，他们都能循循善诱，精心指点，所以，票友们晚上都爱往安丰里跑。当年在我家就留下了许许多多脍炙人口的故事。

城市
之光

消失的会乐里

王渭山

　　半个世纪前以销金帐、胭脂窟而出名的会乐里几经变迁，在上海的地图上抹去了。这个地区经过动迁，旧宅拆除之后兴建新楼，成为一座大型的商业、办公和娱乐合用的综合大厦，与人民广场的几座新建筑交相辉映。

　　旧上海的会乐里是"长三书寓"的集中点，是当年闻名海内外的"红灯区"。"长三"又作"常三"，即常以三事陪客，一是陪餐、饮及棋、牌，二是陪吟诗、唱曲、拨丝弦，三是陪临池弄墨作书画，原是陪笑不陪身，相当于歌伎的高层妓女。

　　会乐里这一带，在1860年之前还只是第二个跑马厅的一部分。随着租界扩大，跑马厅迁到新址（即今人民广场）之后，这里成了房地产商抢购的黄金地段。光绪三十年（1904年），南浔大族刘家投资购地，在北靠汉口路东靠云南中路这个地方建了一批房屋，起名会金里，又名会香里，也就是以后的"老会乐里"。到1924年，房地产业主刘景德见有利可图，又将老会乐里的旧宅拆除三分之二，自北至南直到福州路，都兴建为三开间的石库门楼房28幢，称之为会乐里。这是一批新式的石库门房子，每幢都是一堂两厢，都有宽敞的天井；靠近总弄两旁的房屋都有阳台。这在当时可以算得上相当漂亮的住宅区了。

跑马厅本来就是个赌场，靠近跑马厅的老会乐里本来就已经有妓院，这一带吃喝嫖赌都方便，会乐里这一新里弄住宅建成之后，大为人们所垂涎。开设妓院的老板不惜以重金争租这里的新屋，每户顶租费高达二三十两黄金，房产业主刘景德由此发了大财。上海解放以前，会乐里28幢房屋中除25号为"乾元药号"之外，其余27幢全是称为"长三堂子"（又称"书寓"）的高级妓院。妓女的名字都书写在大门口的灯罩上，入夜灯光齐明，花枝招展的妓女"应堂差""出局票"，活跃在灯红酒绿之间。在漫长的岁月里，这里始终是豪绅、富商、官僚、军阀以及花花公子们寻欢作乐的场所。上海开埠后妓院不断繁衍，到1949年1月，登记在册的多达800余家，会乐里就有171家，占总数五分之一以上，有妓女600余人。

既有会乐里这个畸形产物，伴随而来的就有畸形的需要。会乐里周围当时遍布酒家、饭店、舞厅、时装店、成衣铺、鞋店、美发美容室、药房、性病医生诊所以及律师事务所等等，多是适应这一需要发展起来的。每个妓院差不多都有赌，有赌必有输赢，于是为适应输家救急，会乐里东侧还设有典当铺。600多名妓女及老鸨、嫖客、帮闲等是会乐里贴邻各商店的主要光顾者。

1951年11月，上海市明令禁娼，关闭妓院，当时会乐里尚存十多家妓院，有53名无家可归的女子，均由"妇女教育所"收容。53人中除一人重新暗操旧业被送劳教外，其余52人中有6人做家务，24人参加里弄生产组，22名分到工厂、商店、医院、学校去工作。后来有16人被评为生产能手及先进个人。52人中有46人找了对象，组成了家庭。据会乐里居委华文仙同志介绍说，旧社会会乐里的姐妹，大多是被逼良为娼的，解放后经过学习，不少姐妹进步很大。她说，有位大姐解放后参加生产组，工作积极、能力强，当了大组长，后来入了党，还当过支部书记，现在已经退休了。有个妓院老板，解放后彻底悔悟，工作表现好，家庭教育好，他的两个儿子都入了党，一个儿子大学毕业后成为工程师。

旧上海的会乐里因藏污纳垢而出名，新上海的会乐里则以新风、新貌而知名，历届会乐里居委会均受到表彰。28幢楼大多换了新居民，现在有10幢被评为文明楼，有188户被评为五好家庭，其中如许花蓉家庭既是"市五好家庭"，又是"十佳特色家庭"及"守法之家"。会乐里多年来是青少年犯罪率较低的里弄，在组织便民服务、治安、卫生、支援灾区等公益活动中，常得到上级的表彰。

随着时代的变迁，会乐里周围的商店也有所变异，性病诊所消失了，典当行消失了，有些商店则进行更新或改行。大西洋菜社，今为中港合资的清真饭店，中央菜社处则为名特优羊毛衫专营店，大中华药房处今为银苑金店。临近西藏路的一边变化更大，一品香旅社改成一品香商场，皇后大戏院现为和平电影院，增设了皇后太空KTV录像厅，爵禄饭店及爵士渝园饭店等处，则合成为"人民广场超级市场"及"今日世界酒楼夜总会"与冠生园超级商场。

会乐里的变迁，是社会的一个缩影。经过动迁，改建之后，又将以崭新的面貌展示在人们面前。会乐里即将消失，这种消失该是值得庆贺的。

城市之光

金城里青春纪事

梁廷铎

1937年，我随父母亲从江苏南通迁来上海，起先临时住在永安公司后面的孟渊旅馆。不久，我们搬到槟榔路（今安远路）的金城里。在那里，我们从抗战初期住到解放之后，生活了十几年，留下了很多美好的记忆。

城市之光

20世纪40年代末，本文作者和友人在金城里合影

206

槟榔路上的高档社区

金城里是金城银行为他们的职员建造的一条新式里弄，所以里面居住的绝大部分是该行职员。我家有个亲戚在金城银行工作，所以就借住在那里。当时，这里算是上海比较高档的里弄。整条里弄有六七十幢房屋，从弄堂大门到弄底都比较开阔。每幢房屋前有个小天井，有些人家在天井两边种了一些树，天热时可以在小天井里乘凉。天井门口有一扇小铁门，虽然都是矮墙，小偷可一跃而过，但弄口有一名巡捕看守，所以安全还是有保障的。平时，银行雇用了两名清洁工人打扫里弄，公共环境也比较整洁。

弄内大多是三层楼的洋房，只有后弄堂有几幢两层楼的房屋。当时能单独住一幢房屋的，大概都是银行襄理或分行主任，而一般职员大多两家合住一幢。在我印象中，金城里中只有两户人家不在银行里工作，但也单独住一幢。一家是某医学院的教授，进出弄堂时腋下总夹着厚厚的书本，看见孩子们总是微笑，非常和蔼亲切。另一家是在美国领事馆工作的，有一辆自备的奶油色敞篷小轿车，这是当时弄内唯一的一辆私家轿车。休息日，他们全家常常一起开车出去玩，让我们非常羡慕。

那时，金城银行为职员想得很周到，不但让大家集中居住，每天早晚还派一辆大客车接送上下班。早上由扫弄堂的工人摇铃，提醒职员准时上车。这项班车服务，直到日军占领租界后才取消。

从后弄堂走到底是金行小学。这是银行为职工子弟办的一所小学，兼收附近居民的孩子们读书。

当时，和我最要好的伙伴叫乔琪，他长得很结实，冬天只穿一条羊毛西装短裤，一双长筒羊毛袜，头戴一顶球帽，活像一个小运动员。他很帅，又有一脸调皮相，所以非常讨人喜欢，弄堂里大孩子、

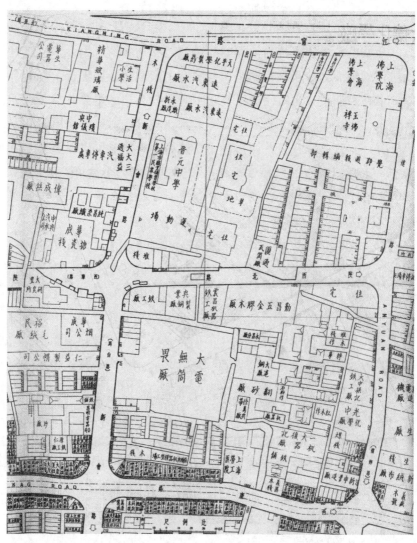

老地图上的金城里（图中玉佛禅寺下方住宅区）

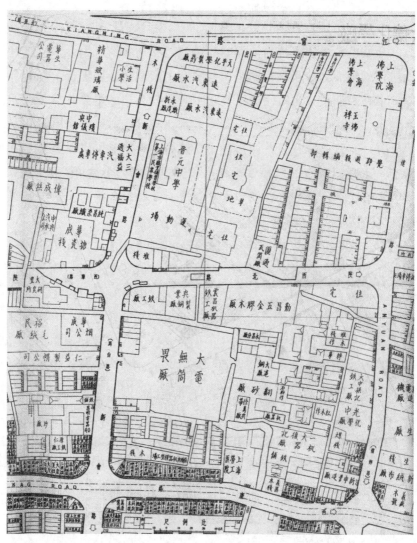

小孩子都爱和他玩。乔琪在高中时养过许多鸽子，也养过鹦鹉和狗。

金城里内有一个篮球场。抗战时期，出来打球的人并不多，孩子们放学后会到那里玩耍。抗战胜利后，那里办过弄堂里孩子们的篮球赛，冠军的奖品通常由家长们出钱购买。乔琪从小喜爱体育运动，篮球打得很好，在学校里是校队队员。邻居们常见他一会儿在篮球场上奔跑，一会又穿着一双四轮的溜冰鞋在弄堂里溜来溜去。

金城里外面的槟榔路是一条僻静的马路，平时行人稀少，路边只有一家小烟纸店和一家小理发店，所以我们买东西要跑到小沙渡路（今西康路）或劳勃生路（今长寿路）去。后来为了方便金城里的居民，金城银行就在弄内办了个合作社性质的小卖部。在小卖部里可以买到美女牌冰淇淋。日军占领租界前，美商海宁洋行出品的美女牌冰淇淋是很出名的。在抗战时期，洋行曾做过促销，吃棒冰时看到棒冰杆顶端有绿点或红点，可以去调换一根或几根棒冰。

神秘住客与"退隐"文人

抗战胜利后，由于住房比较紧张，这里的住户也比往年多了起来，弄堂似乎也比过去闹猛了些。1948年夏天，有位邻居家来了几个客人，其中一位老者，行踪颇为神秘。他每次从大门出来，就坐上一辆黑色轿车，回来时从车上下来，立刻从大门走进家中，鲜有邻居见过他的真面目。听一位邻居讲，此人就是曹汝霖。于是，大家就想找机会看看他的庐山真面目，可一直到这个神秘人物离开金城里，我们都无缘一窥究竟。后来，听说他去了美国。他入住的那户人家也姓曹，大概是曹汝霖的亲戚吧。

解放前夕，有位在银行工作的罗先生，把我们这些大孩子召集起来说："现在解放军已经打到郊区，看来国民党是守不住了。为了防止坏人乘机破坏，我们弄堂要注意安全。大门反正有看弄堂的巡

城市之光

209

捕把守，我们组织起来每天晚上在弄内巡逻。分成两批，从晚上6时到12时为第一班，从12时到天亮6时为第二班，大家轮流值勤。"伙伴们闻言，都表示愿意。我被分配在第一班执勤，12时回去睡觉。1949年5月27日，等我一觉醒来，上海已经解放了，对面马路上坐着许多解放军，玉佛寺也暂时住了一些解放军官兵，由于连续作战，他们显得非常疲劳。不久，我看到我家亲戚韩先生也穿上了解放军军装，原来他也是中共地下党员。

我们中学有几位老师也住在金城里，曾教过我们的徐碧波先生就是其中一位。徐先生是苏州人，和郑逸梅先生及范烟桥、程小青、周瘦鹃等人是同乡。他也是民国时期沪上著名文人，曾任《苏报》副刊编辑。1927年，他与程小青、叶天魂等合资创办苏州第一家有发电设备的"公园电影院"。1938年，他与程小青合编《橄榄》杂志，又与郑逸梅等发起"美术茶会"。徐碧波先生从抗战开始搬进金城里，一直住到去世，住了几十年。他在无声片时代编写过许多剧本，新中国成立后就一直在中学教国文，两袖清风，生活简朴。他除了执教，有时也写些文章。徐先生虽然在上海生活了多年，但仍是一口苏州话。"文革"中，他被派到里弄里和家庭妇女一起学习时事政治，他任小组长。结果，弄堂里的阿姨们都说，听徐先生读材料，像听评弹一样。

徐先生膝下无子女，所以特别喜欢孩子。"文革"中，我的孩子寄居在内人的姨妈家，刚巧和徐先生是对门邻居。徐先生有些好吃的东西，便叫我的孩子过去一起分享。徐先生还对我内人的姨妈讲："我当这孩子爸爸的老师时，他爸爸才十三四岁呢！"不久，我去徐先生家拜访，看见他住三楼前间，陈设简单，但充满了书卷气。当时我已经进入电影界工作，他问我："你还记得吗？日本占领时期，有一次学校开游艺会，我写了一部名为《第九天》的侦探剧。你还在其中演了一个小僮呢！"我说："当然记得，当时我一共只有三句台词。那是我第一次上台表演！"说完，我们都笑了。徐先生感叹道："想不到现在你居然搞了电影工作！"

"三无"剧社牵起月老红线

改革开放后，在美国定居多年的乔琪回沪探亲，我们相聚一堂回忆少年往事。

记得那是1949年暑假，我和乔棋正在等待升学。闲来无事，两人就想组织一个业余剧团来演话剧，因为那时话剧是青年中最流行的。我们找来一些弄堂里的玩伴和几个同学，大家推举我做社长，乔琪做秘书，可成员竟是清一色的男生，没一位女生。演话剧总不能没有女性角色吧？这时，乔琪挺身而出，说："我把我表妹拉来入伙吧！"他表妹加入后，又有同学介绍3位女同学来入社，男女演员比例这才差不多了。

我叔叔和赵丹先生是至交，他们在老家南通读中学时，曾一起办过小小剧社。所以，当我们要办剧社时，自然就想到了向赵丹先生取点经。一天，我和乔琪及其他两位中学同学去拜访赵丹先生。当时，赵丹住在昆仑公司附近的一幢石库门里，大约是后来上影厂附近。赵丹先生的家在这幢二层石库门的底楼，住一间半房间。所谓的半间是与人合用的半间客堂，他就是在那儿接待了我们。那天，赵先生刚起床，披着一件衣服。我们将办剧社的想法告诉了他。他问："你们第一个剧目想排什么呢？"我们答："想排《雷雨》。"赵先生笑着摇摇头说："你们还太年轻，对剧中人物复杂的情感是很难把握的。这部戏还是等你们有了一些人生阅历再尝试吧。"

于是，我和乔琪只好另谋"出路"。我们成天跑旧书店找剧本，记得去的最多的是一家开在金都大戏院旁（今瑞金二路附近）的旧书店。那家书店门面非常小，一半卖剪刀，另一半才卖旧书。在那

城市之光

211

城市
之光

里，我们终于淘到了两个比较满意的剧本，一个是讽刺国民党政府
的独幕剧《群猴》，另一个是《佳偶天成》。

我们剧团也由此正式成立，团名为"雷达"，叫起来虽然神气，
实则是个"三无"剧团，即无经验、无经费、无演出场地。起初，
我们借在一位同学家的客堂里排练，那位同学把家长都赶到了楼上。
我们排练的活报剧到工厂去演出过几次，效果还不错。可大家觉得不
过瘾，就想租个剧场来演出。但租剧场要经费，我们想以售票来换
取所需的经费。而我们是玩票性质的剧团，又怎么会有人来买票看
我们演戏呢？为了保险起见，大家商量每人向自己的亲友推销戏票，
打算用预售戏票的资金，租借辣斐德路（今复兴中路）的律师公会
剧场的早场来演出。谁知，票子都印好发出去了，临到演出的前一
天，我们去缴款租场地时，却发现手头的钱还差一小部分，乔琪就
和管场地的人商量降价，对方不肯。请他允许我们赊账，等演出完
了再付，他也不肯。他说："延期演出吧！等你们凑足了钱再来。"我
和乔琪商量了半天，一筹莫展，只得要求他明天让我们在律师公会

门口贴一张延期演出的通知。岂料，对方连这点要求都不同意，逼得我们几个人第二天只好手持一张白底黑字告示，在律师公会门口等候那些持票而来的亲友。乔琪自嘲说："你看，我们像不像告地状的？"终于等到了可以登台演出的那天，亲朋好友纷纷前来捧场时，可演出效果却没有在工厂里好，让长辈们啼笑皆非。

虽然不久以后，我们升学的升学、工作的工作，雷达剧团就解散了，但这个"三无"剧团却为我牵起了月老红线。不久，我和乔琪的表妹陆娓娓女士结为夫妻，相伴相依走过了半个多世纪。那年，乔琪从美国回沪，恰逢我们夫妻的金婚纪念，他还特地送了一个蛋糕来为我们庆祝。

乔琪问我，记不记得抗战胜利后金城里弄堂口摆过的几个小摊，一个是卖大饼和蟹壳黄的，另一个是借小人书的。我说："记得，我们常挤在那里看小人书，多是些劫富济贫的武侠故事。"乔琪说："60

金城里的小伙伴以及部分雷达剧团成员在金行小学门口合影

昔日律师公会剧场，今已改为银行

年代某一天，我在纽约街头竟与这个摆书摊的老板邂逅。两人对视良久，最终还是将对方认了出来。那书摊的老板已然变了一番模样，穿着颇有品位。他还感谢我们常照顾他的生意，说他过去在上海生活很苦，多亏我们家常送些吃的给他，还把一些不要的衣服送给他。他那时在纽约一家中国饭馆里做大菜师傅呢！"更想不到的是，乔琪还在纽约巧遇过去我们经常光顾的那家小沙渡路理发店的理发师。乔琪感叹道："未离开上海时，我们总认为世界很大。可到了国外，兜兜转转又遇上金城里的老朋友，觉得世界其实也很小啊！"

城市之光

康乐村当年的那些人和事

沈伟淑

康乐村，顾名思义，是个健康快乐的村子，而在上海市区，康乐村其实是坐落在延安中路上的一条弄堂。上海的老弄堂多以

康乐村

"村""里""坊"命名。康乐村的前弄堂，是一排排花园洋房，每户底层都有灰白色半高围墙的小院子，院子里种花种树。后弄堂是一排排火黄色砖块结构的新式两层石库门房子。像康乐村这样老洋房和中式石库门建筑混杂在一起的弄堂，在上海并不多见。

康乐村的南面是延安中路，北面经过一个公寓楼区（太阳公寓）通往威海路，"拦腰"向东，可通茂名北路。20世纪五六十年代，康乐村的孩子大多走这个弄口就读于比邻的茂名北路小学。我小时候，因就读这个小学而结识了许多康乐村的同龄孩子，知道了他们家庭或个人这许多年来所发生的故事。这些故事中有欢乐和兴奋，有理想和迷茫，还有折腾、叹息和无奈……

一个"反革命分子"的革命故事

王娟娟，住康乐村后弄堂35号。小时候，她又黑又瘦，很不起眼。小学毕业分开后的第47个年头，她出现在我面前，几乎已经看不到她当年的影子。她打扮入时，气质高雅，已改名为沈玲。

很多人都看过老电影《51号兵站》，电影中主人公"小老大"机智勇敢为新四军运送军火的情节曾感动过一代人。谁能想到，这部电影的部分情节，就是根据她父亲的经历改编的。当这部电影红遍全国时，她父亲却已成为"反革命分子"。

她父亲叫王兴义。解放前，长期和中共地下组织合作，通过各种手段与敌人周旋，冒着危险将一批批军火、药品、棉衣等运往根据地，为新四军根据地提供军用物资。电影中"小老大"的原型之一是新四军后勤部门的负责人，也是王兴义的直接联系人。这位负责人曾经不幸被捕，关在日本人的监狱里，是王兴义用一箱子黄金，疏通关系将他赎出来的。

在一次运送军火时，王兴义被炸掉了两根手指，从此就只剩下八根手指。解放前夕，国民党下令通缉他，特务四处搜查这个"八指共匪"。他躲进了广慈医院，医院内的中共地下党员设法将他全身封上石膏，巧妙地躲过了特务的搜捕。

解放后，王兴义作为有功人员享受部队团长级待遇，住进康乐村前弄堂的花园洋房一号。住房很宽敞，因为实行"供给制"，家具和家属生活费都是部队提供的。当王娟娟的大弟毛毛（小名）周岁生日时，张爱萍将军还亲自上门祝贺，大人们都笑着说，毛毛应该叫将军"过房爷"。

国民党逃离上海时大肆搞破坏，将江南造船厂的船沉入黄浦江底，叫嚣"让共产党有船不能开，有江不能行"。王兴义接受了打捞沉船的艰巨任务。刚解放，一无资金，二无人力，他想办法联合上海、香港的大资本家，利用他们的资金成立了一个打捞公司。王兴义作为公方代表出任总经理。打捞公司把沉船一艘艘从黄浦江底捞起，再用船拖去香港卖掉。经过努力，黄浦江终于畅通了。

在运作过程中，有一个资本家卷了一笔卖船所得的巨款从香港逃跑了。王兴义是总经理，成为直接责任人，受到审查。当时正在开展"三反""五反"运动，在那时的政治背景下，这件事被定性为反革命案件，王兴义被捕入狱。这样，王娟娟的母亲带着四个年幼的孩子离开了花园洋房的康乐村1号，住进后弄堂石库门的35号。王娟娟依稀记得，她和大弟毛毛跟着母亲到东海舰队驻地探望过正在受审查的父亲。年幼的他们根本不知道发生了什么事，还高兴地在驻地的大草坪上捉蚱蜢。天真无邪的孩子怎会知道，这是父亲入狱前的要求：见见自己的孩子。日后，他们遭到旁人的歧视、冷落甚至谩骂，在入学、分配工作时，都被打入另册，因而他们憎恨这个和自己没有待过几年的"反革命"父亲。后来，母亲在政治和经济的双重压力下与父亲离了婚，王娟娟便改名沈玲。

"文革"中王兴义再次入狱，原来，是林彪一伙想通过他搞张爱萍将军的黑材料。虽然身陷囹圄，面对一次次威逼利诱，他却坚持实事求是，决不说一句假话。直到林彪反党集团垮台，他才获得自由。党的十一届三中全会后，他的案子在张爱萍将军的直接关心下得到彻底平反，他也恢复了军籍。这时，他的子女们才明白了真相。

晚年的王兴义享受离休待遇。他忙于写回忆录，穿梭于中小学校，对新一代进行革命传统教育。孩子们把红领巾围上他的脖子，亲切地喊他王爷爷。

沈玲和她的弟弟们也走出政治阴影，思想和身心得到了解放。后来，沈玲成为一名医生，毛毛现在是美国加州珠宝学院的院长，另外两个弟弟也生活得很好。

"我是上海的女儿"

"我是上海的女儿。"这是丹麦华裔画家庄多多赶在上海世博会举办前回沪举办个人画展时说的。她出生于上海，是在康乐村里成长起来的。

庄多多的父亲叫庄严，是一位作曲家。母亲叫王之湘，是上海歌剧院的演员，曾在多部歌剧中扮演重要角色，如在《洪湖赤卫队》中扮演韩英的母亲，在《江姐》中扮演双枪老太婆。有趣的是，这对文艺夫妇给孩子取名时也都用音乐符号：多多、来来、米米、法法。

小时候我们都喜欢去庄多多家玩。她家有一架小钢琴，大小只有正规钢琴的三分之二。我们在这架小钢琴上瞎摸瞎弹，能弹出弄堂里的叫卖声，如"檀香橄榄买橄榄""坏格棕绷藤绷修哦"等等。她们家里经常宾客盈门，非常热闹，我们这些小朋友也毫无顾忌地去"轧闹猛"。她的父母对我们很和蔼，一边招待客人，一边也不忘拿一些糖果、小糕点来招待我们这帮小朋友。

庄多多的父亲在解放前就创作过许多革命歌曲，如《太阳一出满天红》《胜利进行曲》《抗战八年胜利到》等，解放后他又配合形势创作了很多歌曲。庄多多把一些歌曲带到学校，在同学中传唱，我至今还能唱上几句。

那个年代，体育运动相当普及，康乐村的很多孩子都学会了游泳。庄多多的游泳水平最出众，她曾两次获得全国少年游泳冠军。后来她被八一体工队招去培养，成为一名海军战士。

"文革"冲垮了这个幸福的家庭。她父亲作为文艺界的黑线人物被批斗，批斗中落下病根，以后长期患病，生活不能自理，过早地离开了人世。当时，国家停止一切比赛，庄多多也中止了游泳训练，从部队复员回到了上海。

除了游泳，庄多多也爱好绘画。小学五年级时，她就有绘画作品送去日本参展。从部队复员后，她师从著名油画家俞云阶。尽管那时俞老也在受批判，但庄多多不管这些，坚持虚心请教这位老画家，得到了俞老的精心指教。

改革开放大潮涌起之时，一波又一波的出国热，使庄多多难以安于现状。她当时在少年宫当绘画辅导老师，很想出国开开眼界，但苦于无人担保。后来她有机会去新加坡短期学习。其间，丹麦一位华侨老先生十分欣赏她的才华，愿意出资担保她去丹麦艺术学院深造，这样她就辗转到了"海的女儿"的故乡丹麦。

庄多多很珍惜这次去丹麦深造的机会，十分用功，一年后就在丹麦举办了个人画展，使艺术学院的师生大为惊讶。以后她一心学习和研究欧洲艺术，创作了油画《丹麦女王》和《丹麦皇太子》，都被丹麦皇家卫队收藏，她为世界建筑大师约恩·乌松（悉尼歌剧院的建筑设计师）所画的半身油画像被私人协会收藏。她每年在丹麦都举办一两次个人画展。她笔下的人物，上至女王，下至普通百姓，有世界著名的童话作家安徒生、年长的学者，也有辛勤工作的面包

219

师、自然朴实的年轻姑娘……当我品味这些作品的同时，也解读了画面背后的语言——对艺术的热爱和执着。

如今，这个上海的女儿正在安徒生的家乡继续从事绘画创作。岁月会带走人的容貌，但带不走她心中的画，那就是中国上海，那就是康乐村——这条生她养她的弄堂。

淘气的男孩当上了部长

小学里，我有三个同桌住在康乐村，虽然都是男生，但我们相处得都很好。他们是张祖藩、王啸海，还有一个是曾任国家商务部部长的陈德铭。

陈德铭住在康乐村前弄堂19号。印象中，他阳光、自信，似乎略带点与生俱来的傲气。每个人在儿时都有天真、淘气的一面，陈德铭也不例外。放学后，他会和男孩们一起下棋、游泳、打球，在弄堂里游戏玩耍。玩球时，大家以8号后门的墙为篮板，门上的横梁为篮网，只要把球打中横梁，就算进球。有时也踢足球，没有足球就用皮球代替，大家分成两队对垒，在小弄堂的两端放上石头算球门线，每次陈德铭都当守门员。大家经常玩得满头大汗，也不觉得累。

暑假里，他常会冒着酷暑结伴骑车去郊区的黄浦江游泳场，把自己晒得乌黑乌黑的。所谓黄浦江游泳场，其实就是在黄浦江里圈一块水域，供人游泳。有一次，他们趁看管人员不注意，悄悄游出规定的水域，游到了黄浦江对岸。当他们游回来时，被看守人员发现了，于是发生冲突，在水里打了起来，双方都不买账，打得不可开交。后来徐汇区的一个游泳教练出来劝架。那教练问他们是哪个区的，跟谁学的游泳，答：静安区某某教练。由于教练之间都认识，那几个看守员又都是他的门徒，这场"战争"就此平息。

陈德铭家的院子里蟋蟀特别多，他捉到很多好蟋蟀，在弄堂里和其他人斗蟋蟀，斗赢了，就像打了胜仗一样高兴。小伙伴也愿意把好蟋蟀送给他，让他去和别人斗，大家围着观赏。后来，他们还和隔壁印度领事馆的两个印度小孩交上了朋友，一个叫巴布，一个叫阿拿，两人会讲中文，大家常在竹林里一起玩耍，结下了纯洁的友谊。直到有一天，中印边界发生战争冲突，印度领事馆要撤走了，他们给巴布、阿拿送去铅笔、橡皮、小本子等作为纪念品，大家依依不舍告别。

那个年代，孩子们曾一度热衷于搜集糖纸，大家把各种五颜六色的糖纸夹在本子里，互相攀比，看谁的糖纸多，谁的糖纸更漂亮。陈德铭却与众不同，他爱好集邮。我记得自己悄悄从姐姐的集邮本中拿过几枚邮票，与他交换糖纸，每次他都会用好多张糖纸换我一枚邮票。

陈德铭也酷爱船模、航模、无线电等。当年他听说龙华有个飞机制造厂，就和小伙伴坐公交车去了龙华镇，其实机场离龙华镇还有很长的路，他们就步行到了那里。当时，机场周围用铁丝网拦着，里面停着好多飞机，包括战斗机，他们无法进去，但能亲眼看看这些真飞机也过瘾。那天意外的收获是，他们在机场旁的一条小河里捉到很多螃蟹，虽然满身是泥，但非常高兴。当苏联第一颗人造卫星上天时，他在自家小院子里与小伙伴们探讨卫星上天的奥秘，立志要制造中国自己的火箭。他一直是市少年宫科技小组的活跃分子。20世纪60年代，电视机在中国还是稀有产品，他在少年宫里潜心钻研，竟然自己动手装出了一台小黑白电视机。在当时，这是一件很了不起的事情。

康乐村旁边，曾经有一家汽车修理厂。放学后，陈德铭喜欢钻在那里看工人修车，他对汽车也有浓厚兴趣。他压根儿没有想到，在他家的车库里也停着一辆车，大人从没告诉过他。直到"文革"开始，他家受到冲击，他亲眼看着父亲打开车库，开着那辆车去交公。后来，他的父母被关押，一家人被赶出康乐村，住在一个很小的阁楼下面。

到农村后，他没有气馁，积极劳动，用自己学到的知识为农民服务。在那里，他结合当地的实际情况和特点，建电站、办农机厂，搞了很多农具革新，受到农民的欢迎，成为当地的知青模范。后来他从农村上了大学、再进工厂，又从基层干部到管理一个工厂，再到管理一个县、一个市、一个省，后来成为了一名部长，这或许是陈德铭自己也始料未及的。

城市之光

我的白俄邻居们

蒋寄梦

20世纪50年代初，上海虹桥路沿街的平房内住着一些生活相对贫困的白种人。有的走街串巷，靠磨剪刀为生，他们所使用的打磨

辽阳路281号底楼曾为作者居住，二、三楼居住的均为白俄侨民

解放前沪上一户俄侨家庭　　　　　俄国男孩和他的华人朋友

工具与中国同行们不同，是用半机械化的脚踏飞轮来工作，既省工又省时，所以渐渐地，他们把中国磨刀师傅的生意都抢去了。他们干活时脚踩踏板，菜刀在飞旋的砂轮上火星四溅，一边干活，还一边扬起厚重的嗓音，用上海话滑稽地吆喝："磨剪刀！磨剪刀！"成为当时一道特殊的风景线。这一特殊的群体，上海人称他们为白俄。

其实，这些所谓的白俄，并非指苏联的白俄罗斯加盟共和国，而是指"十月革命"爆发后，站在苏维埃政权敌对方的武装组织，相对于苏联红军，他们被称作"白军"。1922年10月，红军取得全面胜利，战败后的白军及其家属纷纷逃往中国。至20世纪20年代末，进入上海的白俄达13 500多人。他们从事各种行业，其中有许多是艺人，给上海的文化艺术以及娱乐事业增添了不少色彩。

旅居中国的白俄中，最有地位的是军人。上海公共租界工部局还选中了一部分哥萨克人，组成"万国义勇队"，担负保卫租界之责。我们在那部脍炙人口的电影《静静的顿河》中看到的剽悍骑兵，也就是哥萨克人。二战结束后，苏联政府对流亡海外的白俄实行宽容政策，允许他们回国并取得苏联国籍。到1950年，大多数白俄都已回到他们的祖国，剩下不到1 000人，也许出于对苏联政权抱有疑虑，他们仍留在上海，包括我的白俄邻居们。

"好乐笑" 收房租锱铢必较

1948年春，我家搬到杨浦区辽阳路紧靠长阳路的一栋三层楼房里，地址是辽阳路281号。

大杨浦为工厂区，著名的亚普耳灯泡厂和我家就隔着一条马路。周围除了石库门弄堂，就是拥挤的棚户建筑，而辽阳路281号前后都有院子，树木花草丛生，在杨浦区可谓鹤立鸡群，附近的居民都叫它"小洋房"。记得刚搬去那天，跨进铁门只见满地青草，足有半人高。前院种了几棵树，最高的一棵是槐树，还有玉兰树、桑树、柿子树，于是桑椹与柿子就成了我们免费享用的水果。

我家在一楼，有两间前厅、两间后房、一间厕所。穿过一条走廊是厨房，厨房外面有一个约50平方米的后院。我外婆在那里养过鸡、鸭、兔。记得有一次，兔子在泥地里打了洞，自己躲进洞里就不见了。我们正感到茫然，几天后却从洞里爬出了一窝小兔，给了我们一个意外的惊喜。

我们这栋房子的房东是个白俄，大约50岁，叫赫鲁晓夫。外婆听不明白，叫他"好乐笑"，于是我们都跟着她这样叫。"好乐笑"耳朵背，常戴着助听器，外婆同他怄气时就叫他"外国聋聋"（聋聋，沪语，聋子）。

"好乐笑"住得很远，他每次过来只为一件事——讨房租。因为我家居住的房间多，房租付得也多，外婆要他降价，他却总想涨价，因此他们常常要吵架，甚至要闹到对簿公堂。"好乐笑"不懂汉语，来吵架还要带个翻译，要是再加上诉讼费，我想这付出的成本该足以抵上房租的差价了。也许人争一口气吧，这真是个倔老头！

对房租锱铢必较的"好乐笑"，对孩子却十分和善。一次，我外婆走开不理他，把他一人扔在了厨房。"好乐笑"正气呼呼地坐着，见我走过去却立刻绽开笑脸。我喊他"好乐笑"，他摇摇头。为了纠正我的发音，他拿起一支铅笔在墙壁上的一张旧报纸上写起他的名字，其实是姓。我只记得第一个字母，与英文X很像，俄语读"赫"。后来，我学了俄文，能够准确地读出他的姓氏了。多年后，每当我在报纸照片和新闻电影上看到苏共中央第一书记赫鲁晓夫，那圆圆的脑袋与说话的神气总让我想起当年的"好乐笑"。

柯里亚惹恼"红头阿三"

二楼以上的居民大多是白俄。他们好像都有一定的社会地位，生活也很富裕。我家自从父亲过世后，经济发生困难，于是楼上的白俄邻居们就常常将他们烤面包切下的边角料送给外婆。记得他们都是在下午将一个长方形的金属托盘递给外婆，外婆将盘里的面包收下后，再将托盘还给他们。然后，外婆用钢精锅将面包烧在咸菜汤里，有时候还会加上他们送的调料，做成中西合璧的一餐，给我们当晚饭。总体来说味道还可以，就是常常会嚼到苦味的胡椒粒，我们也只好皱着眉头往下咽。

一个阳光灿烂的早晨，我刚醒来，就看见房门开了，门口站着两个刚搬来的白俄男孩，他们用上海话对我们热情地打招呼："侬好！"我们姐弟三个也回答他们："侬好！"他俩一听我们的回答，竟然更高兴了，不断地说"侬好"，我们也只好不断回答"侬好"。就这样，我们认识了。

那是两兄弟，哥哥叫柯里亚，与我同龄。弟弟叫阿辽格，小他两岁。柯里亚瘦，个子偏高，阿辽格显得比较壮实。柯里亚还有一个特点，与我一样，喜欢画画。我爱画中国古代英雄，比如《三国演义》《水浒传》里的人物，表现的是冷兵器时代的战争场面。而柯里亚画的是现代战争，主人公戴着军帽，穿着军呢大衣，使用的是火炮和步枪。令我感到惊讶的是，他画的步枪比我通常见过的长许多，而且一律上刺刀，刺刀与枪口的距离也很大。我后来看到有关第一次世界大战和十月革命的电影，那时候的军人都是背这样的步枪，才知道他画的都是40多年前的人物，是他的父辈或爷爷辈的故事。

柯里亚虽然与我一般大，那年还不到9岁，但因其特殊的家庭背景，使得他知道的东西要比我多很多。有一次，他在一张纸上画了一颗大炸弹，炸弹身上画了个大写的"A"，柯里亚用上海话对我说："迪格叫原子弹，日本人就是吃了原子弹才投降的。"这与我以前听到的是苏联红军打进东北才迫使日本投降的说法不一样。接着，柯里亚又很让人诧异地说："要消灭上海，四只原子弹就够了！"我着实吃了一惊，但心里还是很相信他的话。

我们家隔着后院墙是大昌印染厂，厂门口开在长阳路上。门卫是两个缠着头巾的印度人。他们身高体胖，满面虬须，晚上就睡在门房间里，打鼾如雷鸣一般，我们整栋楼的居民都能听见。为这件事我们楼还专门派了代表去交涉过，但他俩鼾声依旧。一天晚上，柯里亚一脸坏笑，说要去"搞"他们一下。我们绕到长阳路上的工厂门口，在门外挑衅，喊道："阿三，老鹰来了！"过去租界的印度巡捕头缠红布，一说话大多用"I say"开头，所以上海人送了他们一个雅号"红头阿三"。又因印度巡捕常仗着身份比华人高，总在马路上训斥市民，上海人心里不服，就用"阿三，老鹰来了"来挖苦他们。"老鹰"即老英，意指你们也不过是生活在英殖民地的人，有什么了不起！起先，两个印度人听不懂中文，朝我们挥挥手，转身把铁门关上了。

接着，柯里亚走上前对着铁门上的小窗，说了一句外语。这下那两个印度人勃然大怒，打开门冲了出来。我们见状，撒腿就逃。柯里亚跑得快，逃上楼就躲了起来。两名印度人在楼下骂骂咧咧，发了一通大火才离开。我猜，柯里亚也许是用他们能够听懂的语言表达了那个意思，伤了他们的自尊心。其实，那些矛盾都是由殖民统治者造成的。好在一切很快就结束了，那两名印度门卫不久便回国了，从此，我们再也不会被那雷鸣般的鼾声吵得无法安睡了。

与柯里亚张扬的性格不同，他的弟弟阿辽格比较憨厚。他总是跟在哥哥后面，不太说话。但阿辽格偶然也有闹情绪的时候。一次，大约他的母亲错怪了他，他感到非常委屈，嘴里不断嘟囔着："巴切姆（为什么），巴切姆……"接着，他竟然失踪了。全家人拼命地找，我们也帮着找，最后发现他坐在院子的一个隐蔽角落里，满脸抹着泥土，嘴里塞满了石子。小家伙竟用这种自虐的方式，默默地来表示反抗。

兄弟俩捉弄醉倒的父亲

有了楼上这家邻居，我们的生活充满了乐趣。他们的父亲在卷烟厂工作，母亲在正广和汽水厂工作，收入都很可观。一次在他们家里，柯里亚拉开抽屉，给我看他父亲刚发的月薪，那是用橡皮筋捆扎起来的一大卷钞票，让我很惊讶。

他们的母亲很能干，家里事无巨细都要管。一天，她的丈夫正在院子里跟人聊天聊得起劲，妻子在楼上阳台大声命令他回去。丈夫十分扫兴，双手一摊，用他那滑稽的上海话对邻居们说："阿拉家主婆哇啦哇啦！"邻居们哈哈大笑。这句话后来成为经典，在邻里间

城市
之光

228

流传了好几年。

两兄弟的母亲其实是一个善良而热情的女人。她平时总爱教我们说俄语，并不厌其烦地纠正我们的发音。那时候，我已经可以用俄语数一到十，还会说几个简单的常用单词，如谢谢、再见等。她见我们生活困难，有时候吃不饱肚子，就常常在下午将刚烤出来的面包塞给我们当点心。一次我弟弟舍不得吃，就将面包藏在床底下，不时地爬进去吃一口。

最令我难忘的是她的厨艺。一天，大约是柯里亚生日，他们请了我去做客。我生平第一次吃到罗宋汤。那种浓香啊，至今犹记在心里。我后来常常做罗宋汤，同样用了牛肉、土豆、豌豆、卷心菜、番茄酱这些东西，但总觉得差点味道，再也找不到当初的那份感觉了。另一道菜是牛排，兄弟俩一个劲地对我介绍吃牛排的意义，说吃了能让人产生力气，因为一会儿他们要教我打"勃克星"（拳击）。饭后我也第一次喝到了咖啡，柯里亚对我念的是"考啡"，这使得我以后总是将"咖啡"念成"考啡"。

他们家的地板擦得很干净，进门需要脱鞋子，大家习惯于坐地上玩。柯里亚的父母很欢迎我们去，我们自然也喜欢去，因为他们的房间里有许多玩具，还有我们在外面看不到的各种画册，常常要玩到外婆在楼下大声呼唤，我们才恋恋不舍地离开。有一天柯里亚的父亲去大光明电影院买来四张电影票，是刚上演的苏联电影《海军上将乌沙科夫》，说是带兄弟俩还有我一起去看。我弟弟见没有他的份，一屁股坐在地上大哭。柯里亚的父亲见此情景，只好带上我弟弟去"大光明"补买了一张票。看电影之前，柯里亚的父亲还请我们进一家餐厅吃了点心，那一天我们过得非常开心。

他们家庭长辈与小辈之间的关系，也与中国家庭大不相同。一天我进他们的房间玩，见两兄弟的父亲喝醉了酒，昏昏然卧倒在地板上。弟兄俩兴高采烈地上前捉弄他，一会捏鼻子一会揪耳朵，最后将家里所有的鞋子都垒到他的脸上身上。与之相反，我家的家规很严，只要外婆在场，我们都不敢随便言笑。而柯里亚兄弟俩对父亲竟然如此胆大妄为，真让我大开了眼界。

有一天，大约是苏联儿童的一个节庆，兄弟俩学校里举办运动会，请我们去观看。学校坐落于外白渡桥不远处的吴淞路上，学生都是白俄子弟。柯里亚参加了短跑比赛，选手们跑得并不紧张，速度也一般，但场面很热闹，周围的同学大呼小叫，体现了重在参与的精神。

运动会结束后，我们就去外白渡桥北块的苏联领事馆。那是个沿江的大花园，位于黄浦江与苏州河的交汇口。除了一栋办公楼不能进，我们可以四处乱走。后来我们进了一间礼堂，观看苏联的一部动画片。在礼堂的前厅，我看到一幅油画，画的是森林里几只可爱的狗熊。后来我知道那是俄罗斯风景画家希斯金最著名的作品，但我想那一定是复制品，原作太珍贵了，不会放在这里。

1953年3月5日，斯大林逝世。三楼一位白俄老太太听到消息后，马上哭了起来，但多数白俄邻居反应平静。3月9日下午5点，莫斯科举行斯大林的葬礼，中国人为表示哀悼，全体默哀5分钟。与此同时，全上海汽笛齐鸣，一切车辆停止行驶，十字路口的交通警察站得笔直，像一尊尊雕像。我们都跑到了街上低头肃立，所有人都表现得很沉痛。这时候我忽然听得身后有人在偷笑。转头一看，是柯里亚，不知与谁开了一句玩笑，正拼命搭着嘴，不让笑声发出来。我当时的感觉是，他的胆子真大，这种严肃的场合还敢胡闹。后来我猜想，他的这种轻松的心情一定是父母感染给他的，因为他们估计，斯大林一死，苏联的政治气氛一定会变得宽松一些，他们返回祖国的可能性也会更大了。

果然，第二年他们就回国了。至此，在上海的白俄基本上都走了，只有极少数人因为有各种原因，滞留未走。

斯大林逝世后，上海人民举行悼念活动

白俄老头冻死在行军床上

三楼朝北的小房间里住着的那个老头，就是极少数未离开上海的白俄之一，因为他在祖国已经没有任何亲友了，所以他没走。我常常看到他在厕所对着马桶削土豆皮，然后抽水冲走。他的动作十分缓慢，有人上楼来，他也不回头看一眼。一个冬天的早上，有人发现他死了，死在一张行军床上，只盖着一条薄薄的毛毯，显然是冻死的。

因为死了外国人，惊动了不少部门，包括涉外机构。这天不断有生人上楼下楼，外面的居民也纷纷跑来看热闹。到晚上平静下来，似乎一切已经办妥，然而最令我恐惧的时刻来到了。

天已经全黑，外婆锁上房门，不让我们出去，但外面的动静，我却听得清清楚楚。我听到了有节奏的吆喝声自远而近，那是有一群人将棺材抬来了。只听得"咚"的一声响，棺材落下，吆喝声骤停。棺材就落在楼梯下的过道上，与我只隔着一道门。过了一会儿，吆喝声又起，自上而下而近，那是将死人抬下来了。吆喝声夹杂着

231

旅沪俄侨回国

说话声，他们开始安放尸体，然后盖上棺材盖，接着就"乒乒乒乒"地敲打钉子，那声音震动了整个房子，也震撼着我的身心。当时我才10岁，第一次面对死亡，紧张得一整夜都没有睡着。

又过了一阵，他们抬起棺材，吆喝声也渐渐远去了。我们身边的最后一个白俄邻居也永远地离去了。

这以后的许多年里，我很想念他们。后来我学习了俄语，常常不无遗憾地想，要是他们在，我就可以更方便地与他们交流了。1968年"文革"中，我家被一群工人造反派强迫搬出了辽阳路281号。至1978年，市委书记王一平作出批示，有关部门为我们安排了新居所，我们就没有再搬回去。三年前，听说这栋楼要拆，我就去拍照留个纪念。听一位居民说，曾经有一个外国人来找过我们，因为没人知道我们的地址，就没法与我们联系。我猜想这个人不是柯里亚就是阿辽格，他们也一直在想着我们，只可惜错过机会，苍茫万里，人各一方，不知道何时再能相见了。

回眸丁盛里

丽　容

苏州河畔的丁盛里是上海典型的"下只角"，虽然它在偌大的上海城里并不起眼，但却是我童年寄托了无数梦幻的地方。

丁盛里连着上千户木屋。南面隔着长安路是苏州河北岸的光复路，岸边是一幢幢机器厂、被服厂和仓库；北面越过新民支路，在共和路与恒通路之间是曾经辉煌过的闸北区著名的石库门区，"八一三"时被日本人炸了个稀烂，后又被难民们利用断垣残壁搭起了简陋的居所，直到现在仍可看到石库门的痕迹。东面是一度在闸北地区仅次于老北站的商业街——小有名气的大统路。西面以华盛路为界，大片棚户区沿着苏州河岸边向西蔓延。

我家是在1951年前后搬进丁盛里的。

丁盛里棚户基本上是清一色的两层木屋，毫无章法，又都是私房，"文革"前一度自由买卖很盛。记得与我家相邻的半间木屋，上下约18平方米，才卖60元。

木屋之间的间距很小，有的不到2米，甚至屋檐相连形成夹弄，大人很难通过，小孩则将之视作游戏的迷宫。

丁盛里的北面距铁路不远。我和小伙伴们常用白石粉在窄小的花岗岩石子路上，画上长长的"铁轨"，领头的孩子手扶滚铁钎，后面的孩子一个拉住一个的衣角，算是一列长长的列车，孩子们齐声

"呜"，列车沿着"铁轨"就开了。

丁盛里的孩子特别爱看戏。节假日里，华盛路长安路口的空地上往往会有戏班子或耍把戏的来演出，孩子们必定高兴得手舞足蹈，有的学着戏里的角色哼上几句，有的模仿小丑的动作比划几下，偶尔还设法去戏馆看一场白戏。

东面新疆路国庆路口是个马车站（当时有马车载客往来于城乡接合部），附近有一家"沪北戏院"。西面恒通路有一家更为简陋的戏馆叫"华盛戏馆"，两根毛竹并在一起架在木桩上，就成了观众的长凳子。孩子们爬窗口钻布帘，然后悄悄地蹲在竹凳上看白戏。这两家戏院后来都改作工厂了。

上学以后有了点零花钱，就从苏州河华盛路渡口乘摆渡船到南面的大王庙（今已拆毁）上岸，再走到黄河路上的明星大戏院看三轮电影，或到新闸路上的西海电影院看早早场或下午4点多钟的学生场。

丁盛里几乎每个夏天都发大水。苏州河涨潮后，河水漫过堤岸，丁盛里首当其冲。潮水漫进了家家户户，大人们忙于堵截，搬东西，而小孩可高兴了，嬉水打水仗，用脚盆当船划，尽情地玩耍……

潮水汹涌，然而丁盛里用水却十分困难。在几条弄堂之间稍大一点的地方建有给水站，即用水泥砌成的蓄水池。居民用一根水筹（竹片做的两寸长的水牌），可从蓄水池里拎两桶水。水池小居民多，尤其到了夏天，洗衣、淘米、汰菜的人都挤在给水站周围，邻里之间也没少拌嘴吵架的。当然，给水站又成了人们交流信息的场所。

丁盛里的居民大多是产业工人，钢铁、纺织、码头、邮电、机器、印刷、铁路等，几乎各行各业均有，也有教书的和在银行、出版等部门当文员的。倒是人们想象中的理发、混堂、三轮车夫等反而很少。

新民支路口有家闸北区少年儿童图书馆，这可是丁盛里孩子们

城
市
之
光

的乐园。才上三年级，我就成了这里的常客，寒暑假几乎天天泡在里面。有时一本书早晨借下午就看完，但图书馆规定不能当天借当天还，只好等第二天一开门就冲进去，还尽量找厚的书看。《三国演义》《水浒传》《红楼梦》《海底两万里》等，都是在这个时期阅读的。小学没毕业，我已将这家图书馆的书几乎读完了。

"大跃进"年代里，丁盛里也曾风光过。家家户户将"废铁"贡献出来，晚上在给水站旁的空地上支起土高炉，临时请来的铁匠成了炼钢师傅。炼出的钢有没有用，谁也不知道，但熊熊的炉火在夜晚确实好看，也增添了孩子们白天拣废铁的乐趣。

苏州河沿岸的港务码头一个接一个，平时就不断有沙石、钢筋、小百货运进运出，那时则是清一色的"废铁"，铁门、铁窗、形形色色的铁器，甚至大刀、长矛也能找到。在拉废铁的汽车经过的马路上，我们常常能拣到从车上震落下来的边角料。胆大的孩子干脆从堆积如山的废铁堆下抽几块凑凑数，要不然，丁盛里晚上怎么大炼钢铁呢！

丁盛里也出过几个有影响的人物。一个是臧大咬子的工友黄包车夫刘伯。1946年，美国商轮"马立斯号"水手乘黄包车不给钱，美国军舰"海伦号"伍长饶德立克帮腔争执并当场打死了臧大咬子，刘伯是见证人。新闻传媒报道后，上海人民愤怒了，社会各界强烈要求严惩凶手。

在社会舆论的压力下，美军司令部被迫用直升飞机载着刘伯去美军基地指认凶手。刘伯不怕利诱威逼，在水兵营地认出了凶手。这就是轰动一时的"臧大咬子事件"。著名漫画家张乐平还将这一情节画进了名著《三毛流浪记》中。

另一位是力大无比的岑阿七，听说他与哥哥吵架时竟将哥哥高高举起。后来被教练看中，学练举重。在1963年雅加达第一届新兴力量运动会上，阿七荣获冠军。

城市之光

235

还有一位叫罗蓝芝，是比我们大不了几岁的赴新疆支边的知青，在平凡的岗位上做出了不平凡的业绩。1963年被评为上海支边十佳青年，当时上海各报几乎天天宣传他们的事迹。他们还返沪作巡回报告，受到市领导和中央领导的接见。

　　刘伯、阿七和罗蓝芝，是丁盛里孩子们心目中的英雄。

　　"文革"前一年，我考上了学校就离开了丁盛里，后毕业分配到外地工作。一晃三十多年过去了，不久前回上海专门寻访故里，丁盛里已因建南北高架而拆迁了，只剩下沿新民支路的一只角，绝大部分木屋荡然无存，也不知刘伯、阿七和他们的后代搬到哪里去了。

城市
之光

情系九福里

方毅丰

　　九福里在上海黄浦区的江阴路（旧名孟德兰路）。该路东起黄陂北路，西至成都中路（今南北高架路位置），全长约400米。记得小时候的马路路面是弹格路。江阴路不长，粮油店、南货店、大饼摊、水果摊、学校、医院、幼儿园却一应俱全，还有老虎灶（泡开水店）。改革开放后，江阴路建过花鸟市场。江阴路唯有一条弄堂直通南京西路，这条弄堂就是江阴路88弄，即过去的九福里。九福里于1927年建成，是典型的石库门建筑。改革开放以来，随着上海大规模的旧城改造，如今这些老房子早已被全部推倒，唯独剩下我家的九福里老房子保留着。九福里资格够老，依然中规中矩地伏在号称现代主义风格的61层高的五星级宾馆"明天广场"之下。

　　为什么称九福里？据长辈说是因为有九个老板合资建造的。

　　住在九福里时间较长的大都是殷实人家。九福里并不长，却也住过几个有名的人物。京剧名伶程砚秋先生曾在96号住过。跑马总会秘书长、《文汇报》创始人之一的方伯奋在8号住过，他是我小姑丈公。资慧爷叔告诉我小姑丈公管好多人，九福里房子是他买下的。日本侵占上海期间，小姑丈公还因反日嫌疑被日本兵抓去审问，上了电刑，后因查无实据被释放。1941年，他搬往隔壁的跑马总会大房子里住了。九福里房子由我祖父一家入住，2013年我去美国华盛顿

城市
之光

探亲，姑妈陪我专程去祭拜他和小姑婆墓地。33号糜解先生是我姐姐同学冬冬的丈夫，"文革"结束恢复高考后，虽然糜解考试成绩很优秀，但均受其父亲历史问题牵连而不被清华大学和复旦大学录取。谁知1978年糜解突然被交通大学破格录取为研究生，传说是"邓大人"特批。28号是座大房子，解放前住的大都是车夫、帮佣等下层民众。

1953年，父亲开始支援大西北建设，每年探亲回家一个月。母亲在外滩宁波路纺织品采购供应站上班，晚上常常要参加政治学习。祖父就成了我们家的主心骨。民国初期，祖父从四明银行的练习生做起，处事干练而勤奋好学。1936年，从汉口四明银行主任会计、襄理调上海四明银行虹口、南京西路支行任经理。1997年，小姑妈在美国告诉了我关于祖父的一个故事：银行木工修窗户时，不慎将斧头掉在巡逻的日本宪兵面前，日本宪兵大怒，要兴师问罪。眼看大祸临头，后经祖父极力劝说解围，日本宪兵才松口，当提出要把斧头带走时，祖父生怕节外生枝，说这是木工的吃饭工具，拿不得，最终化险为夷。小姑妈还说祖父斡旋能力强，在同事亲戚朋友中威信特别高，人称"小诸葛"。

1950年，上海银行金融业社会主义改造试点，我祖父被银行退职，便在里弄帮忙工作。他生活简朴，住的是八个平方米的亭子间，净高两米一，北窗下是垃圾箱，西窗上是晒台楼梯。亭子间冬寒夏闷，祖父每天读书、看报、写毛笔字，陶冶心性。祖母裹着小脚，虽只读到小学三年级，却知书达理。我上小学时，每天放学回家，祖母已在后弄堂门口凳子上等候我，她手里拿着饼干搂着撒娇的我，开心地看我吃。

原先，九福里每天清晨必须解决两件事：倒马桶和生煤炉。各家生煤炉时，整条弄堂烟雾腾腾。祖父就与邻居们商量，联名写信给政府申请安装煤气。这封信就是祖父执笔写的。果然，到了1964

年，九福里就安装了煤气，这在上海滩算是比较早的。从此九福里告别煤球炉，大大方便了全弄堂的居民，尤其是双职工的家庭。四号亭子间住着一位广东老婆婆，是个无子女的孤寡老人，而且无亲无眷。祖父帮她多方联系，最后让她进了福利院。祖父的善行，感动了九福里广大居民，被大家尊称为"老先生"。

1966年"文革"突然爆发，因祖父在银行担任过经理的缘故，母亲单位的人率先冲进我家采取"革命行动"。戏剧性的是，母亲前几天还参与抄别人的家，母亲的惊愕和尴尬可想而知。那是星期天下午4时许，母亲带我弟妹三人外出回来，刚踏进家门，只见家里已被翻箱倒柜，搞得一塌糊涂，造反派还命令我不得随便乱走，检查我身上衣服。我当时只有11岁。之后银行的人也不甘落后，再来抄了一遍。在祖父住的亭子间，他们发现东墙壁敲上去有空鼓声音，便怀疑里边藏有手枪，当场敲开一看，是根自来水管……

1968年年初，因父亲长期在外十分寂寞，祖父便下了很大决心，安排我跟父亲去西北。到工地安顿好以后，我便提笔给祖父写信，开头写道"敬爱的祖父"，祖父马上回信，他说："敬爱的称呼只能用在毛主席身上，不宜用在我身上……"祖父受了那么大的委屈，还是那么谦卑。虽然处在"文革"动乱时期，祖父在里弄里没有被批判，没有被人贴过一张大字报，左邻右舍见到我祖父依然非常尊重他。

我和妻子本是小学、中学同学，又是隔壁邻居。但与其说是青梅竹马，倒不如说"有缘千里来相会"。读小学时我和她还一起玩，但到了中学就"井水不犯河水"了。1972年年底，我被分配到土建队当泥工，她被分配到甘肃庆阳人民医院做护士，从此天各一方。每年探亲一个月，偶有接触。有一次她回甘肃，带的东西较多，我托朋友帮忙把她的行李送进火车站站台，她很感激。后来我们就开始恋爱。其实我们缘分的根源还在九福里，祖父和祖母看着我们从小长大，那时祖父昵称我妻为"小美丽"，祖父更夸奖她妈（后来成

城市
之光

239

为我岳母）是全弄堂里最勤恳的人。

虽然我家在1989年就搬离了九福里，但是我的心一刻没有离开过九福里。那幢石库门房子，生我养我的地方，是我活力的根源所在，是我永远的根。

城市
之光

宝康里琐忆

朱良堉

宝康里（淮海中路315弄），是淮海中路上已消失的一条石库门弄堂。1938年我出生于此，并在此生活了30年。虽然如今我已年近80，但现在还会情不自禁地回忆起那段岁月。

楼梯窄又陡　小脚母亲登梯难

1938年，我父亲调到通商银行霞飞路（今淮海中路）办事处工

宝康里动迁

城市
之光

241

作，我家就从小东门搬到了宝康里。

宝康里建成于1913年，和大部分石库门相仿，一开间，2层楼，立帖式砖木结构，墙体的青砖用稻柴石灰砌筑。前门进来依次是天井、客堂，后门进来就是灶披间（厨房），楼梯设在中间，我家住在二楼的前楼，楼梯又窄又陡。说它窄，一次，父亲买了一坛黄酒，由于体积较大，很难从楼梯搬运上去，就请人借道天井，用绳子吊上去。眼看就要成功了，谁知绳子滑出缚力点，酒坛瞬间下坠，顷刻间，黄酒泻满一地，浓烈的酒香扑鼻而来，随风飘向四方。说它陡，它倾斜达60度左右，每个台阶宽度不到15厘米。

我母亲裹着小脚，对她来说上下楼梯更为不便。每天饭后，母亲将待洗的碗筷全部放进面盆里，用左手把面盆搁在左肩上，右手扶着扶手，到了楼梯半腰扶手杆断开处，去摸下半段扶杆时，更是提心吊胆，然后再小心翼翼地到灶披间洗碗筷。好在楼梯的顶上有竖式玻璃气窗，既可透光，又可使空气对流。后来，我家与亭子间邻居商量，在亭子间门口的侧墙装上自来水龙头、水斗及排水管道，又将煤球炉搬到自家门口的墙壁旁，总算为母亲缓解了上下楼梯的困难。

为了多住人，二房东还要挖掘空间。我家的二房东将楼梯半腰处破墙设门搭阁楼；把客堂一分为二，在后客堂上也搭了个阁楼。这些阁楼又暗又低，只能弯腰进去。有的还在前楼搭个阁楼，开个老虎天窗以解决采光；有的甚至在灶披间里再拦出房间出租，环境比现在的群租房还要恶劣。

旧事仿如昨　最难忘朝鲜朋友

宝康里的房屋结构比不上东边的康福里（今上海广场地块）和北面的双禾村（今K11地块），优于南面的吴兴里（今朗廷酒店地块），但规模不小，东西分别与黄陂南路和马当路相邻，南北分别以兴安路和淮海中路为界。沿街开了各种商店，有时装店、藤椅店、食品店、洗衣店等。

有一家金文公司是朝鲜人开的面包店，两开间门面，前面开店后面作工场。老板夫妇育有的三男四女中，与我最要好的是排行第六的金熙宗，因此我经常去他家玩。第一次看到他们家放在厨房里的面包烤箱、制作的各种奶制品，我感到很新奇。老板手艺不错，除面包、糕点、奶制品外，还自制冰激凌。每当他家面包出炉时，我们就饱尝各种面包和各类糕点的香气。我也由此知道除大饼、油条、包子以外，还有那么多美味诱人的西点。老板遇到邻居都会用不太标准的中国话打招呼。

一次，在上海的朝鲜人在宋公园（今闸北公园）开运动会，我和哥哥受邀请由金熙宗带领，不顾路远去那里感受他们同胞的盛大聚会。很可惜，不久之后金熙宗因患血癌英年早逝，金文公司在"文化大革命"初也因各种原因关门了。据说，后来他们一家经香港回到韩国了。至今我仍怀念他们，特别是金熙宗。

邻居名人多　最受敬重盖叫天

别小看宝康里这样的旧式里弄，初建时，弄堂整齐，距南市、公共租界和法租界都很近，交通便捷，住家多一幢一户，非殷实人家还无力占上一席之地呢。"八一三"之后，大批人口涌入租界，二房东们才想方设法腾出空间招揽租户。即使如此，弄内居民的社会层次还是较高的。据新中国成立前夕统计，730多户中，属军政人员、中等企业主、高级职员、教授、医生、演员、作家及其他自由职业者，超过30%。

京剧名家盖叫天一度也住在宝康里。他每天清早在家中吊嗓子时，对爱好京剧的邻居是种享受，但同时也多少影响了一些邻居的正常生活。于是，居民们自发派代表上门向盖叫天婉言转达意见。盖叫天在向邻居们表达歉意的同时，主动提出把吊嗓子的时间改为上午9点到下午4点，得到大家的赞同。之后每当这个时段，不少票友便自发拿个小板凳，怀着敬仰的心情坐在盖叫天家的门前，听着盖叫天的精彩唱腔，真是荡气回肠，浑身舒坦。

我国著名敦煌研究专家常书鸿（1949年后历任敦煌文物研究所所长、敦煌研究院名誉院长、国家文物局顾问）的夫人李承仙（国家文物局研究员，中国敦煌吐鲁番学会顾问）出生在宝康里。说来也巧，李承仙是我嫡堂嫂李承休的亲妹妹，她父亲和我父亲是好朋友，对文学有共同的爱好，碰在一起经常切磋诗词，有谈不完的话题。因为有这层关系，我与常书鸿也有来往。1951年10月的一天，我父亲在李承休家遇见常书鸿，在畅谈之余，常书鸿提出要为父亲作一幅肖像画。他让父亲按照他的要求坐好，自己架好画板，拿出画笔和颜料，对着父亲，先用炭笔勾勒好轮廓，然后使用各种颜料着色，并不时叮嘱父亲要放松表情。这幅画不仅把父亲画得惟妙惟肖，还把他的儒雅气质与神态表现得淋漓尽致。父亲非常满意，将此画当成珍品加以收藏。

此外，著名影星李丽华也住过宝康里。我虽然没见过李丽华，但在路过她家门口时常见李的保姆李妈精梳着与我妈一样的横"S"发髻，衣着"山青水绿"，举止文雅，就不难想象李丽华的靓影。据我阿姐说，李丽华自小学过京戏，小名叫小咪，伶俐乖巧、待人有礼貌。她16岁就主演电影《三笑》，一生主演了140多部电影。据说1980年李丽华回国探亲时，曾专程到宝康里来重访故地，可见宝康里对她的影响。

铁门拆除后　深巷传来叫卖声

宝康里南北由两条直弄贯通，东西有三条横弄加街面房后的小弄，弄堂口都设有大铁门。1958年"大炼钢铁"时，这些铁门曾被拆去，弄堂变得四通八达，更便于小贩们来回穿梭。有"坏的棕绷修哦，藤绷修哦"的吆喝声；有俄罗斯老头骑着脚踏车"削刀磨剪刀"的生硬的吆喝声；下雨天，定会听到"阿有啥洋伞修哦""阿有啥油布伞修哦""阿有啥套鞋补哦"的叫喊声。近傍晚，又会传来"熏肠、肚子"的叫卖声，一些酒客便会叫住老板。食品篮里除了熏肠、肚子，还有白切猪肝、盐水花生、茶叶蛋、茴香豆等，这些都是老板一清早到菜场精选原料，一家人忙活大半天，才候时上市，绝对新鲜，不一会儿，就一购而空。

弄堂的排水设施很差，每遭大雨，弄堂一片汪洋，而这时正是我们小朋友的天堂。我用脚盆当小船，坐在其中，由阿姐穿着高靴雨鞋当船夫，缓缓地推行，那是何等地欢快和惬意啊！每年地藏菩萨生日那天，我们小孩特别来劲。入夜，无数香烛使整个弄堂布满了扭扭曲曲的点点亮烛，甚为奇特和壮观，那燃香缭绕的烟波和微微烛光的射影，映照着小朋友们无比喜悦的脸庞。50年代末，居委会把其中一条过街楼下加以封闭，办起了生产组和食堂。我家下面就是食堂，一时间炉灶的鼓风机声把我们扰得苦不堪言，成群的老鼠把家里搞得鸡犬不宁。

20世纪90年代初，先是因为建造地铁1号线，后来又因建造瑞安广场，宝康里被拆除了，居民各迁新址，由原来天天相见的邻居，变成难得往来的稀客。自小一起长大的开裆裤兄弟，虽然分开后有了各自的生活，但没有中断彼此的联络。每次相聚时，大家无话不谈，谈得最多的还是小时候在宝康里那些无忧无虑的日子，那些令人回味的人和事……

城市
之光

245

仁庆坊纪事二则

龚伯荣

过街楼下小书摊

仁庆坊弄堂口（1995年摄）

仁庆坊在长阳路498弄，我们家住在6号二楼。弄堂口装有两扇黑漆大铁门，白天大铁门敞开。一到晚上，值更人员就会关上大铁门，只开一扇便门，供弄堂里的居民进出。6号在仁庆坊的第一条支弄，支弄非常狭窄，只够两三个人并排行走，大家都称之为"小弄堂"。第二条支弄宽得多，靠着荆州路一侧有一口水井，井水冬暖夏凉。走到弄底，仁庆坊与霍山路相通，弄底还有一座弃用多年的小型水塔。

过街楼东侧，常年摆着一个小书摊，专门出租"小人书"（连环画）。每天早上，弄堂隔壁"林记书社"的林老板会把书夹子扛过来。书夹子就像两块合起来的门板，打开就是两个并排的书架，百十来本"小人书"整整齐齐地放在书架上，俨然就是一个小型阅览室。

书摊摆在弄堂口的过街楼下，实在是一个理想的好地方。过街楼是居民进出弄堂的必经之地，更是小朋友嬉笑打闹的活动场所。夏天，搬一把躺椅坐在过街楼下，风从过街楼下穿堂而过，乘凉、聊天，真是舒适；即便到了冬天，关上一扇大铁门，挡住寒风，在背风处孵太阳，也是暖意浓浓。

那时候，连环画《铁道游击队》《三国演义》等都是小朋友最喜欢的"小人书"。《铁道游击队》"血染洋行、飞车夺枪、夜袭临城、巧打冈村"的情节，《三国演义》"桃园结义、三顾茅庐、火烧新野、赤壁大战"的画面，都深深地吸引着我们。那时我们刚读小学，识字不多，连蒙带猜，大体看懂了"小人书"的内容，"小人书"成了我们的历史知识启蒙教材。暑假有两个月，过街楼便成了好去处，一分钱租一本"小人书"，看书不限时间，享受穿堂风的凉爽，那是蛮惬意的。

林老板是个精明人，为了多赚钱，把一本"小人书"拆分成上、下两册，而且封面也做得颇为精致。这样，一本"小人书"就变成了两本，你只要租看，林老板就有了翻倍的利润。不过，小朋友们也是"门槛"蛮精的，两三个小朋友约好一起到小书摊租书，看完一本，大家悄悄地相互交换。林老板还算"拎得清"，对此也是"睁一只眼闭一只眼"，不会"顶真"地与小朋友计较。

到了1958年，一个星期天，来了好几个青年工人，他们抡起大锤子，拆下大铁门，装上卡车运走了。我们这群孩子围在一边观看，听大人们说，拆下大铁门是为了大炼钢铁的需要。有几个小朋友好奇地问大人："铁门原来就是铁的，为什么还要拆去炼钢铁？"印象中，好像谁也没有回答小朋友提出的问题。

拆了大铁门，一到冬天，西北风穿堂而过，谁也不会到过街楼下看"小人书"，林老板再也不到过街楼下摆书摊了。放寒假，我们只能待在家里孵太阳，做作业。

弄堂里的孩子爱唱歌

弄堂里，一群十几岁的少男少女，充满朝气。到了60年代，大家都先后上中学了，课余时间都爱唱歌，弄堂里总是歌声不断。

那时，学校附近马路边的地摊上有一种歌片出售。所谓歌片，其实就是抄录歌词的照片，如同名片一般大小，大多是白底黑字。歌片抄录的是那个年代的电影歌曲和流行歌曲，一般都是手抄楷书的歌词，还带有歌曲简谱，便于学唱。档次高一点的歌片还会印上电影明星的头像，也有的会印上简单的图案做装饰。记得电影《马路天使》插曲《四季歌》、《铁道游击队》主题歌《弹起我心爱的土琵琶》、《柳堡的故事》插曲《九九艳阳天》等都印过歌片。这种歌片便于携带，爱唱歌的歌迷都很喜欢，3分钱一张，5分钱可买两张。有的同学买上三五张，放在皮夹里，时不时拿出来翻看、哼唱，炫耀一番，也是很时髦的。

三团是小弄堂里有名的男高音，比我们大了好几岁，个子高高的，长得帅气，已经读高中了。三团放学回家，在亭子间，总会对着大衣橱的镜子梳理头发，"咦咦啊啊"地练嗓子，声情并茂地唱一曲《弹起我心爱的土琵琶》，悠扬的歌声一直飘到弄堂里。后来，三团高中毕业后考入部队文工团。临行前，三团穿上新军装，精神抖擞，在弄堂里为大家唱了一首《真是乐死人》，还上下比划，左右摇晃，兴奋地做着"对着镜子上下瞧、上下瞧"的模样，博得大家阵阵掌声。

后来，亭子间的七妹买来一本《外国民歌200首》，大家纷纷传抄、学唱，我也兴致勃勃地抄了一大本。《外国民歌200首》收录了各国优秀的民歌，其中《莫斯科郊外的晚上》《小路》《喀秋莎》《鸽子》《星星索》《宝贝》等都是耳熟能详的。这些外国民歌富有人情味，又贴近年轻人的心理，很快就在社会上流行起来，弄堂里的小青年都喜欢哼唱这些外国民歌。

　　可是没过多久，这些外国歌曲也受到了批判。1965年，报纸上有文章批判这些外国歌曲"软绵绵"的，是"靡靡之音""黄色歌曲"，会"腐蚀青年学生的思想"。自此，我们就不能在弄堂里唱《莫斯科郊外的晚上》《红莓花儿开》《喀秋莎》等歌曲了。但我们还会在晚上，坐在自家的晒台上偷偷地哼唱："夜色多么好，令我心神往……"

　　不过，那时候阿尔巴尼亚处在"反修第一线"，是"社会主义在欧洲的一盏明灯"，越南处于"反美第一线"，与中国是"同志加兄弟"，我们就在晒台上毫无顾忌地唱着阿尔巴尼亚歌曲《含苞欲放的花》和越南歌曲《我的家乡》。一段时间里，"你含苞欲放的花，一旦盛开更美丽""太阳下山了，那安静的钟声轻轻的响"，在晒台上久久回荡。

　　到了1966年，弄堂高音喇叭里整天播放的是《大海航行靠舵手》等歌曲，还有就是"语录歌"。然而，我们年轻人喜欢唱的歌更少了。

城市
之光

景安里的里弄食堂

郑建华

济南路上的景安里，不但宽，而且四通八达，一直被我们称为大弄堂。这条弄堂里的7号原先是大房东的住宅，20世纪50年代初卖给上海化工厂做宿舍，成了七十二家房客的大杂院。17号是唯一霉干菜厂老板高培梁先生的住宅，现在还基本保存着原来风貌。在这几十年中，变化最大的要数13号了。

13号是这条弄堂中最大的一幢住宅，三上三下两进，中间还有个走马楼，房子建造得很讲究，门窗都是雕花的，客堂里铺的是彩色地砖，楼梯下的小房间里还有当时我们这一带很少见的抽水马桶。从解放初起，这里已经不再是一户人家独住了，但客堂是空着不住人家的，大门也是常年开着的，里弄里开个会什么的，也总是借用此地。"带上小矮凳到大弄堂13号里开会"，曾是这里居民政治生活的重要部分。

1958年，"大跃进"开始了，原先围着煤球炉子转的家庭妇女都到里弄生产组上班去了，吃饭上食堂便成了无可奈何的选择。我们景安居委的食堂就办在13号的客堂里，走马楼下的辅房成了厨房和售饭菜处。

那时我在读小学，中午放学后，把书包往家里一扔，就上食堂去了。食堂里有许多同我一样的十来岁的孩子，有的脖子上还挂着钥匙，大家围坐在一起吃饭、吵闹，十分快乐。

到了60年代初，随着副食品供应紧张程度的加剧，饭票成了最宝贵的东西。菜票分为两种，一种是带油的，上面印个油瓶，另一种是不带油的；买炒菜必须用带油的那种，不带油的只能用于买一分钱一碗的大众汤或是贴在饭票中买黑馒头和烂糊面。至于荤菜，则要把计划供应的鱼票、肉票拿到食堂去换成专用的票证，而且是每旬一种颜色，过期作废。那时当父母的都不敢把一大叠饭菜票交给我们小孩子，而是每天给几张，用完了，第二天再给，生怕小孩子贪玩弄丢了。

里弄食堂的午餐是中午10点半开饭，但每天10点一过，售菜处就排起了长队，为的是排在前面，供选择的品种可以多一点，来晚了菜就会卖完，再则是当时人都饿慌了，哪怕早一分钟吃到饭也是好的。遇到上午没有课的日子，我和同学们也会早早地集体出现在这个等吃饭的队伍中。要是上午有课，到食堂时菜的品种就少了，这时我们会同炊事员商量，能不能通融一下，用无油菜票买菜，还有卖不掉的鱼头鱼尾能否不收鱼票敞开供应，要是能买到，算是捡了个大便宜。最后一招是吃烂糊面，一两饭票加一分无油菜票就能买一大勺，三勺能吃得肚子发胀，至于能维持多久，那是另外一回事了。

有一次，一位同学饭吃到一半，有事走开了一会儿，收饭碗的阿姨把剩饭倒了。他回来后拉着阿姨要她赔，惊动了好多人，最后厨房只好赔了一勺烂糊面了事。这样的事，今天的孩子们大概是不会相信的。

那时在我们弄堂里还有个被称为"周家二嫂"的女人，是有钱人家的媳妇，40多岁，白净的脸，穿着很讲究，手腕上还戴着个名贵的玉镯。她也天天来食堂吃饭，每当看到我们小孩子撒在桌上的籼米饭粒，就会一粒粒捡起来塞进自己的嘴里，还喃喃地说："糟蹋

251

粮食，罪过啊，罪过啊！"我总觉得她的行为与身份不符，不知到底是出于什么信念呢，还是实在饿得发慌了。

随着"大跃进"年代的过去，13号的里弄食堂也停办了，这幢房子成了吉安街道的派出所，后来吉安街道办事处也在这里办公。吉安街道撤销后，13号成了淮海街道的社区会馆。这幢房子的外面还基本保持着原先的模样，但里面已经面目全非了，天井改成了大堂，楼上也建成了礼堂。那年，胡锦涛同志还到这里来视察过。现在景安里13号成了淮海社区活动中心，当然，来这里活动的大多是老年人。

城市
之光

老上海弄堂生活琐忆

沈晓阳

我1933年生于杭州市，5岁那年随母亲来上海与父亲团聚。在老上海的弄堂中生活了整整10年后，于上海解放的那年，参加了人民解放军，从此我在军营里度过了22个春秋。20世纪70年代初，才回到阔别多年的上海，重新过起简朴的里弄生活。回想老上海的弄堂生活，真是五味杂陈、说来话长。

宝康里就像一座四四方方的城

我4岁时，适逢"八一三"抗战爆发。杭州兵荒马乱，祖父携全家7口人，逃到诸暨县大溪山里亲戚家暂避。翌年初，我们接到父亲从上海来信说：他已大学毕业，经人介绍到一家私人银行当职员，并在一所中学里任兼职教师，要母亲带我先去上海与他团聚。当时浙江到上海的陆路交通均因战事中断，母亲带我从大溪坐脚划船先到宁波，然后再从宁波乘海轮到达上海。在码头上，见到了来接我们的父亲。

出了码头，父亲雇了两辆人力车，父亲和我坐在前面一辆，母亲坐的一辆紧随其后，也不知道穿过多少大街小巷，只见马路上人流如潮，汽车、电车、人力车、手推车川流不息，十字路口红绿灯

253

和头上缠着白布的印度警察（上海人称"红头阿三"）手执警棍在指挥交通，上海租界里看不出一点"八一三"战火硝烟的痕迹。此时车子转了一个弯，在位于霞飞路的一个弄堂口停了下来，父亲将车钱付掉，我抬头见弄堂大门横梁上刻着"宝康里"三个字。

我们3人背着行李走进光线昏暗的通道。这个弄堂像一座四四方方的城，里边是一排排的房子，有二层楼也有三层楼，最前面靠大门的一幢是一些朝着马路开门的商店。大约走到第三排到底铁门旁一幢二层楼后门口，一位40岁左右的中年妇女朝灶披间里亮起嗓门喊道："沈先生领着屋里的人，从乡下来了！"于是走出一个小伙子和一个姑娘，帮我们将行李从狭窄陡峭的楼梯扛到二层楼朝北的一间亭子间里。那里面摆着一张大床、一张方桌、四把椅子和一只带镜子的五斗橱，这是父亲前几天在附近家具店购置的。亭子间朝北开一扇窗，探头望去可以看到弄堂过道和铁门外的马路。

这时父亲向我们介绍，刚才门口碰见的那位40来岁的妇女是住在底楼客厅里的房客，她男人在法商电灯电车公司写字间里工作。我们叫这位阿姨"下底姆妈"，帮我们将行李扛上楼的是她的儿子和女儿。"下底姆妈"待人非常热情，住在宝康里的3年中她和我母亲相处很融洽。她是苏州人，教我母亲烧了很多美味可口的本帮菜肴。二房东就住在我们亭子间对面朝南的前厢房里，男的70多岁，姓冯，我们都叫他冯老头，女的一脸麻子，每月房租都由她来收，邻居暗地里管她叫"白蚂蚁"，意思是靠收房租吃饭的。二房东两口子都吸鸦片，房间里经常烟雾弥漫，桌子上放着麻将牌，床头边摆着烟枪。"白蚂蚁"从乡下领来一个16岁的小姑娘叫阿兰做养女，侍候他俩。母亲除了缴房租外，从不到他家去串门，也不允许我到他们家去玩。

父亲后来回忆说，当年租界内找房子并不容易，他是托熟人才在宝康里租到了这间12平方米的亭子间，除每月要50法币的租金外，还得先向二房东预支一笔不小的顶费，其价约合当年三十石大

宝康里

米，可父亲每月工资才十石大米，他向同事借了钱才缴足了顶费。

一开始我们对这种弄堂生活很不习惯，出了房门就是笔直陡峭的楼梯，扶手是一根粗麻绳，要牵着它下楼，倘若不小心摔下去会跌得鼻青脸肿。所以母亲烧好饭菜后就让我们在灶披间的小台子上用餐，等吃完后再上楼休息。每天清晨5点钟，轰隆隆的粪车声就开始奏起了晨曲，接着各种小贩的叫卖声此起彼伏构成弄堂的交响乐，一直奏到天黑。不过买东西倒也方便，只要把钱放在菜篮子里面，用绳子从窗口放下去，什么蔬菜瓜果啦，甚至热腾腾香喷喷的小笼馒头、生煎、馄饨等食品，都能吊上楼来，省去了跑上跑下的麻烦。

众路人怒斥法国水兵

夏天到了，亭子间朝西偏北不通风，午后的太阳晒得整个小屋像蒸笼一样。吃过晚饭后，母亲总要整理房间，父亲就带着我逛马路，沿霞飞路（今淮海中路）一直散步到嵩山路口，再往回走。入夜后，马路上灯红酒绿，霓虹闪耀，戏院和舞厅门口都很热闹，可父亲从不领我进去。商店里有电扇十分凉快，父亲带我逛商店只是为乘凉，从不买东西。有时也碰上一些同事和邻居，他们也带着孩子逛马路乘凉，这是穷人夏夜消暑的好办法。可有时也会遇上"触霉头"的事。

一次，我和父亲走到嵩山路恩派亚大戏院（后改称嵩山电影院）旁边一家小酒吧门口，从酒吧里跌跌撞撞走出两个法国水兵，一个高个子，一个矮个子。我走在父亲的前面，不小心一脚踩到矮个子水兵的皮鞋上。那个水兵勃然大怒，抡起拳头朝我打来，被父亲拦住。他见没有打着我，就用汉语大声叫骂："中国猪，亡国奴！"这一情形被过路的行人看见，约有七八个人一起围了上来，其中一位身材魁梧的中年男子指着那个水兵的脸说："想想你们自己吧！德国人打到你们国家，你们的贝当政府已向希特勒投降了，做亡国奴的该是你们自己……"高个子水兵见我们人多势众，就拉着矮个子水兵狼狈地离开了。之后，有个在场的行人对我说："小弟弟勿要怕，这些外国赤佬，侬要凶过伊的头，他们欺软怕硬。"父亲向几位过路帮忙的人打招呼表示感谢，回家后他将这件事告诉了母亲。父亲说："如果全中国人都能像这样团结起来，我们国家就不会受到别国欺负了。"这件事在我幼小的心里留下了深刻印象。

小皮匠利用绯闻发大财

宝康里门口摆着一个出租连环画的旧书摊，常有几个与我年纪差不多的男孩坐在长条凳上看小人书，我有时趁大人不在家时，也会加入其中。母亲发现后说："坐在马路边上看书不雅观，灰尘大也不卫生。"于是她掏出些零钱，到书摊上捡了《三国演义》《水浒》《封神榜》《西游记》等连环画册拿到家里。从此吃过晚饭后，母亲会和我一起在灯光下看书，有时还讲给我听。后来父亲也从学校图书馆里借来《说岳全传》《七侠五义》《包公案》等。中国几部古典文学名著，我都是先看了连环画然后才读原著的，那时我刚满8岁。有时，"下底姆妈"要我讲故事给她听，我就讲了《三国演义》里诸葛亮"草船借箭"和"借东风"的故事。她也喜欢给母亲和我讲"唐伯虎点秋香"，但把故事中的大丫头、小丫头，说成了"大了头""小了头"。母亲听后捧腹大笑，"下底姆妈"还以为她讲的故事引人发噱，越讲越起劲，其实她哪里晓得别人在笑她读别字哩！

弄堂门口另一个固定的摊头就是皮鞋摊。当时宝康里住着一位年轻的电影女演员，有些小名气，性格大大咧咧。有一天，她的皮鞋后跟坏了，就光着脚坐在鞋摊前等着修皮鞋。这一情景被一位报馆记者发现，写了一篇文章登在一家晚报的副刊上，还添油加醋，硬把小皮匠搭进绯闻里，一时竟被炒得沸沸扬扬。其实这个小皮匠

出租连环画的书摊

257

不管皮匠年龄多大，上海人总是称他们为"小皮匠"

已40多岁了，老婆在农村种地，儿子也成家立业了，小明星怎会看上一个皮匠呢！因为上海人有个习惯，凡是皮匠不管年龄多大都叫"小皮匠"，因而报上这么一登，许多不明真相的人都赶到宝康里弄堂口来看这位"小皮匠"，排队修鞋的人也多了，生意顿时兴隆起来，一天下来比平时多赚几倍钱。于是小皮匠灵机一动，请了一名年轻的帮手来修鞋，故意混淆视听，使慕名前来的人看不出名堂，那就得多修几次鞋啦。后来他竟因此发迹，租了宝康里一间门面，开了一爿修鞋店。

迎勋路居民区满目疮痍

　　1941年秋，祖父在绍兴老家去世，祖母、姐姐和妹妹从绍兴来到上海，加上母亲又生下了一个男孩，宝康里的小小亭子间一下子挤进了7口人，空间顿感紧张。翌年春，我们全家搬迁到南市区迎勋路上一幢石库门里住下。房子是20多平方米的前厢房，虽然生活设施比宝康里差了很多，但房租每月是关金票20元，还不需付顶费。

　　由于南市区受到战争的严重摧残，到处都可以看到断墙残壁和瓦砾堆，没有一条弄堂是完整的，有的弄堂没了牌名和铁栅大门，只有一两座孤零零的石库门楼房。有些穷人在空地上用碎瓦残砖砌成临时房子，没有门窗就用旧床单或麻袋包挂在门窗框子上，入夜点的是蜡烛或油灯，也没有自来水，只有一个公用给水龙头，每天放两次水，居民排队买水。公共设施也被严重破坏，电车被运走，路轨被撬，电杆、电线等均被拆除。市面萧条冷落，与租界生活形成极大反差。

最糟糕的是小偷太多。一天，我家买来的一只红漆新马桶刷好后放在后门口，不一会儿就不见了。院子里晒的衣服、裤子甚至连袜子都会失踪。有一次，姐姐一件刚结好的红色绒线衣在灶披间的竹椅子上放了一会儿就不见了，谁知第二天却穿在了楼下的一个小姑娘身上。她父亲是日伪南市蓬莱警察分局的巡警小队长，谁敢惹他的女儿？另一天，5岁小妹妹清早起来到弄堂门口买早点，回家的路上早点叫过路瘪三抢走吃了，豆浆也洒了，只得哭着跑回来。母亲见后无奈地说："罢了，罢了！我们搬到贼窝里来了，这里人都得罪不起，还是趁早搬走吧！"于是催父亲另找住处。

客堂间的大学生参加了游击队

不久，我们搬到小西门江阴街一条较大的石库门弄堂里，也是住在二楼前厢房，这里的邻居虽大多也不富裕，但治安状况比迎勋路那里好。住在底楼客堂间的是一对年轻大学生，夫妻俩结婚不久。男的姓林，一直没有找到合适工作，日伪税务局请他去当稽查，这是个薪水很高的美差，但他坚决不去。我父亲十分钦佩他，经常与他们一起聊天，还借了些钱给他做小生意。于是，林先生每天起早摸黑去浦东挑些瓜果、蔬菜到市区来卖，一天下来能赚几十元勉强糊口。我家有时也托他到浦东带些菜来。后来，才知道他参加了浦东抗日游击队，传递秘密情报，并多次参加了在奉贤、南汇等地袭击日伪军据点的战斗，不幸在一次战斗中光荣牺牲了。他妻子将这些告诉我们之后，不久也离开江阴街住处，听说是在上海地下党的安排下，和一批大学生一起到淮北投奔新四军了。

我家居住在南市的这段时间里，正是上海成为沦陷区后最为艰苦的岁月。当时，家庭主要生活来源是父亲在银行当职员的工资以及做代课老师的收入。另外就是靠在苏州当护士的姨母，时常寄些钱来贴补家用。当时一日三餐吃的都是山芋、六谷粉。大米属军需物资，一般中国老百姓是吃不到的。一到寒冬腊月，每天在弄堂口、马路旁总有几具冻饿致死的尸体。户口配给米，每人每月3市斤，还都是些陈米、碎米，夹杂许多小石子。有时凌晨3时，母亲和姐姐就得起床，拿户口本排队去轧"户口米"。

一天，原宝康里二房东的养女阿兰跑来找我母亲说：冯老头死了，"白蚂蚁"将她卖到了一家赌场做三陪女，她因受不了老板的打骂和赌客凌辱逃了出来，恳求我母亲帮帮她。正好这天家住虹口的大舅妈来探望母亲，听到阿兰姑娘的遭遇也十分同情。大舅妈考虑到若是住在我们家也不安全，怕赌场老板通过"白蚂蚁"找上门来向我们要人，于是她与母亲商量后，便将阿兰带到虹口自己家中，暂时隐蔽起来。后来，大舅妈又给阿兰做媒，她嫁给了一个在轮船上当大副的亲戚的儿子，两人倒也情投意合，生活美满。这事让母亲甚感欣慰。

金城里设施齐全环境好

抗战胜利后，父亲因工作调动，全家从南市迁到沪西槟榔路（今安远路）的金城里居住。金城里建于20世纪30年代初。当时为解决银行职员住宿困难，金城银行买了玉佛寺的后花园与周边空地，建造起一条新式里弄住宅，取名为金城里。这条里弄具有中西结合的特点，它没有石库门房子的高墙和黑漆大门，却增设了西式卫生间、煤气、钢窗。虽然还保留着石库门弄堂的格局，但小天井已被改成了小花园。初建时，因为沪西自来水供应量不足，弄堂内建了水塔和自流井，用马达抽地下水补充供水。整个弄堂干净雅致，过道宽阔，可停放小轿车。住房分为三种规格：二层楼房供一般职员居住；三层楼房为科长一级住；还有200号后的一排公寓式建筑，有阳台、客厅、卧室、厨房，客厅里有西式壁炉、壁橱、拉门，各房间都安装电铃，专供襄理以上级别居住。

当时弄堂内还雇了3名警察，日夜值班，不让小贩

金城里的自流井水塔是当年高档生活的见证

进入叫卖，陌生人进来还要查问一番。另外，弄堂里还设有篮球场和一所小学。金城里是当年金城银行总经理周作民上任后主持建造的。在解放前，这里可算是上海档次较高的生活区了。

上海解放后，金城里房产收归国有。当时，在我家附近驻扎了一支解放军部队，官兵们经常到里弄篮球场与我们这些学生打篮球，我们便渐渐和他们混熟了。在他们鼓励下，我于1949年7月考入华东军政大学，离开了上海。后来，我虽身在军营，但仍魂牵梦萦着我的家，想念我所熟悉的上海弄堂生活。

城市
之光

大庆里附近的店铺

郑建华

在南京东路西藏中路口，有一条叫"大庆里"的弄堂，位置是北靠南京东路，南临九江路，东面是云南北路，西面是西藏中路，也就是现在的世贸皇家艾美酒店所在地。

"大庆里"与1964年兴起的"工业学大庆"无关。"大庆里"建于20世纪初，那时大庆油田还没有被发现，但要说其沾了大庆油田的光，也确实有那么一点。因为在史无前例的年代里，那么多的弄堂都被改了名，而"大庆里"却得以保住原来的名称。

"大庆里"地处闹市，虽说是民宅，但有不少工厂的发行所设在那里。它的总弄口开在南京东路上，面对中百一店。弄口有一个书报摊，占了半个弄堂口，因为市口好，生意特别兴隆，尤其在元旦以后，那里总会有过期的日历供应，价钱是打折的，品种也很多。我每次去南京路，总会到"大庆里"去一次，倒不是冲那报摊，而是因为弄底有一个小便池，可以解决内急问题。

"大庆里"靠西藏中路一侧是商铺，其中有一家皮鞋店，名叫"大不同"。靠南京东路一侧的商铺更多，有一家华东皮鞋店；两家西服店，分别叫裕昌祥和王兴昌；有一家精益眼镜店，店堂里挂着孙中山的题词"精益求精"，更有一家药房，店名竟叫"冠心药房"。在南京东路和西藏中路的拐角处，有一家烟杂店和一家皮鞋店，楼

1964年，大庆里俯瞰

城市
之光

上则是有名的"和平小吃部"。

　　"和平小吃部"顾名思义是供应小吃的，我参加工作以前，也随父母去吃过，只是些面条馄饨之类，并没有特别深的印象。印象深刻的一次是参加工作后不久，大约在1968年末，因为自己挣钱了，尽管月薪才17元8毛4分，但毕竟实现了从消费者到生产者的质变，于是想到了上南京路逛逛。到吃饭时分，便去了"和平小吃部"，我已经忘了那时它店名改成什么了，反正肯定不叫"和平"就是了。沿着楼梯上去，看到店堂已变成单位食堂的模样，醒目处贴有一张告示，大意是饭店要实现革命化，工农兵不需要资产阶级式的服务，所以要自己端饭菜，自己洗碗。

　　店堂里也没有几个顾客。我根据黑板上写的菜单，自己到账台上交了钱和粮票，然后到指定窗口分别领了饭和菜。什么菜记不清了，反正也是素菜，还有一份咸菜汤，记得汤的价格是3分钱。吃完以后，我还一本正经地拿着碗筷要去洗，一位服务员见了，很不耐

263

烦地说："算啦算啦，还是我们来洗吧。"边说边挥挥手，意思是叫我走人。我只得放下碗筷，悻悻地离开了。后来在报纸上看到过报道，说是在南京路上实行这种革命化的举措，深受工农兵的欢迎云云，实在有点啼笑皆非。

还有一件事是发生在王兴昌西服店里的，时间也是参加工作后不久。那时，王兴昌已经改名为新风服装店了。也因为手中有了几元钱，我就去买一条裤子，当时涤棉还没有普及，是纯棉纱卡或线卡的，所有商店的价格基本上一样。我之所以特地去王兴昌选购，是因为那里做工好。恰逢提倡全国学解放军，我也挑了一条草绿的，当时算是很时髦的。我这样天天穿，仅仅半年臀部的布就开始破损了，膝盖处也发白了。于是我再上王兴昌，打算让他们帮我修补一下。那时提倡艰苦朴素，无论大店小店都有修补业务，而且到服装店里补衣服，只收钱，不收布票，是一大优惠，也是为工农兵服务的革命化举措之一。我把破了的草绿卡其裤送到王兴昌，要求在臀部和膝盖处打补丁，店方也只能接受。几天以后去取，裤子上打了几个大补丁，用的是草绿色的新帆布，缝得整整齐齐。那个年代，大家都穿着打补丁的衣服，并视为很自然的事，更何况我这几块补丁还出于名店名师之手，多少还有点优越感呢！

城市之光